高效养殖致富直通车

猪病

鉴别诊断图谱与安全用药

JIANBIE ZHENDUAN TUPU
YU ANQUAN YONGYAO

U0257256

主　编　刘建柱　牛绪东

副主编　李克鑫　孙宪华　万惠愚

参　编　（按姓氏笔画排列）

　　　　王　洋　王胜华　白月山　朱毅然　孙丙勇　李宝华

　　　　李微微　李新杰　吴京山　张　波　张元瑞　张志浩

　　　　陈　鹏　范文韬　郑丕苗　孟凡生　程　佳

主　审　成子强

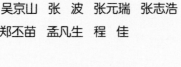

机械工业出版社
CHINA MACHINE PRESS

本书从多位编者积累的近万张图片中精选出 57 种猪常见疾病的典型图片近 400 张,从养猪者如何通过症状和病理剖检变化认识猪病,如何综合分析和鉴别诊断猪病,如何针对猪病安全用药等方面组织编写,让养猪者按图索骥,一看就懂,一学就会,用后见效。全书共分 6 章,分别为消化系统疾病的鉴别诊断与防治,呼吸系统疾病的鉴别诊断与防治,生殖泌尿系统疾病的鉴别诊断与防治,神经、运动系统疾病的鉴别诊断与防治,皮肤病的鉴别诊断与防治,中毒性疾病的鉴别诊断与防治。

本书图文并茂,文字简洁、易懂,科学性、先进性和实用性兼顾,可供基层兽医技术人员、养殖场技术人员和养殖户使用,也可作为农业院校相关专业师生的教学(培训)用书。

图书在版编目(CIP)数据

猪病鉴别诊断图谱与安全用药/刘建柱,牛绪东主编 . —北京:机械工业出版社,2017.4(2025.2 重印)

(高效养殖致富直通车)

ISBN 978-7-111-56049-4

Ⅰ.①猪… Ⅱ.①刘… ②牛… Ⅲ.①猪病-鉴别诊断-图谱 ②猪病-用药法 Ⅳ.①S858.28

中国版本图书馆 CIP 数据核字(2017)第 027790 号

机械工业出版社(北京市百万庄大街 22 号 邮政编码 100037)
总 策 划:李俊玲 张敬柱
策划编辑:郎 峰 周晓伟 责任编辑:郎 峰 周晓伟 孟晓琳
责任校对:王 延 责任印制:常天培
北京宝隆世纪印刷有限公司印刷
2025 年 2 月第 1 版第 17 次印刷
148mm×210mm・7.75 印张・236 千字
标准书号:ISBN 978-7-111-56049-4
定价:39.80 元

高效养殖致富直通车
编审委员会

序

　　改革开放以来，我国养殖业发展非常迅速，肉、蛋、奶、鱼等产品产量稳步增加，在提高人民生活水平方面发挥着越来越重要的作用。同时，从事各种养殖业也已成为农民脱贫致富的重要途径。近年来，我国经济的快速发展对养殖业提出了新要求，以市场为导向，从传统的养殖生产经营模式向现代高科技生产经营模式转变，安全、健康、优质、高效和环保已成为养殖业发展的既定方向。

　　针对我国养殖业发展的迫切需要，机械工业出版社坚持高起点、高质量、高标准的原则，组织全国 20 多家科研院所的理论水平高、实践经验丰富的专家学者、科研人员及一线技术人员编写了这套"高效养殖致富直通车"丛书，范围涵盖了畜牧、水产及特种经济动物的养殖技术和疾病防治技术等。

　　本丛书应用了大量生产现场图片，形象直观，语言精练、简洁，深入浅出，重点突出，篇幅适中，并面向产业发展需求，密切联系生产实际，吸纳了最新科研成果，使读者能科学、快速地解决养殖过程中遇到的各种难题。本丛书表现形式新颖，大部分图书采用双色印刷，设有"提示""注意"等小栏目，配有一些成功养殖的典型案例，突出实用性、可操作性和指导性。

　　丛书针对性强，性价比高，易学易用，是广大养殖户和相关技术人员、管理人员不可多得的好参谋、好帮手。

　　祝大家学用相长，读书愉快！

中国农业大学动物科技学院

前　言

　　目前国内猪场集约化、规模化、连续式的生产方式使猪病的种类越来越多，致使老病未除、新病不断，多种疾病混合感染，非典型性疾病、营养代谢性疾病和中毒性疾病增多，这不仅直接影响了养猪场的经济效益，而且防治疾病过程中使用大量的药物，成为药残急待解决的问题。因此，加强对猪病的防控，意义非常重大，而对猪病进行有效防控的前提是对疾病进行正确的诊断。由于广大养殖场的工作人员有关猪病的专业技能和知识相对不足，使养猪场不能有效地控制好疾病，导致生产水平逐步降低，经济效益不高，甚至亏损，阻碍了养猪业的可持续发展。对此，我们组织了多年来一直从事猪病防治的专家和学者，编写了本书，让养殖场饲养管理人员按图索骥，做好猪病的早期预防工作，降低养殖成本，获取最大的经济效益。

　　本书从多位编者积累的近万张图片中精选出57种猪常见疾病的典型图片近400张，从养猪者如何通过症状和病理剖检变化认识猪病，如何综合分析、鉴别诊断猪病，如何针对猪病安全用药等方面组织编写，让养猪者按图索骥，一看就懂，一学就会，用后见效。全书共分6章，分别为消化系统疾病的鉴别诊断与防治，呼吸系统疾病的鉴别诊断与防治，生殖泌尿系统疾病的鉴别诊断与防治，神经、运动系统疾病的鉴别诊断与防治，皮肤病的鉴别诊断与防治，中毒性疾病的鉴别诊断与防治。

　　本书图文并茂，文字简洁、易懂，科学性、先进性和实用性兼顾，可供基层兽医技术人员、养殖场技术人员、养殖户使用，也可作为农业院校相关专业师生的参考（培训）用书。

　　需要特别说明的是，本书所用药物及其使用剂量仅供读者参考，不可照搬。在生产实际中，所用药物学名、常用名与实际商品名称有差异，药物浓度也有所不同，建议读者在使用每一种药物之前，参阅厂家提供的产品说明以确认药物用量、用药方法、用药时间及禁忌等。

由于作者的水平有限，书中的缺点乃至错误在所难免，恳请广大读者和同仁批评指正，以便再版时改正。

刘建柱　牛绪东

目 录

序
前言

第一章
消化系统疾病的鉴别诊断与防治

第一节　消化系统疾病的发生因素及感染途径

一、疾病发生的因素

（1）生物性因素　包括病毒（如轮状病毒、冠状病毒、流行性腹泻病毒等）、细菌（如大肠杆菌、沙门氏菌等）和寄生虫（如球虫、蛔虫、绦虫等）。

（2）化学性致病因素

1）无机毒物：主要有酸、碱、重金属等。

2）有机毒物：包括有机磷农药、醇类、氰化物等。

3）工业毒物：工业三废（废水、废气、固体废弃物）中含有二氧化硫、硫化氢、一氧化碳等。

（3）营养因素　机体生命活动所必需的营养物质主要包括糖、脂肪、各种维生素、水和无机盐，以及某些微量元素。营养不足如饲料配方不合理，可能成为疾病发生的原因和条件。

（4）物理致病因素　主要包括温度、光能、辐射、声音、机械力等。

二、疾病的感染途径

消化道黏膜表面是猪与环境间接触的重要部分，对各种微生物、化学毒物和物理刺激等有良好的防御机能。消化器官在物理性、生物性、化学性、机械性等因素的刺激下以及其他器官疾病等的影响下，削弱或降低了消化道黏膜的屏障防御作用和机体的抵抗能力，导致外源性的病原菌、消化道常在病原（内源性）的侵入和大量繁殖，引起消化系统的炎症等病理反应，进而造成消化系统疾病的发生和传播。疾病的感染途径如图1-1所示。

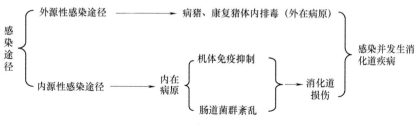

图1-1　疾病的感染途径

腹泻的诊断思路及鉴别诊断要点

一、诊断思路

1. 根据病史和临床症状确定病因

由细菌感染引起的腹泻，一般发病急，有发热症状，并群发；由寄生虫侵袭引起的腹泻，发病缓慢，群发，但无水平感染性，通常无发热症状；营养性腹泻多发于仔猪，发病缓慢，病程长，还有因营养缺乏而导致的其他症状；由中毒引起的腹泻多突然发病，病情严重，无发热症状。猪病腹泻症状鉴别诊断流程如图1-2所示。

2. 明确粪便性状特征

1）粪便中含有未消化的凝乳块或饲料残渣，提示牙齿疾病、消化不良或过食。

2）粪便如水样，量多而排出迅猛，多见于急性肠卡他、急性胃肠炎。

3）粪便中混有黏液、血液、脓汁和脱落的肠黏膜，提示细菌性感染腹泻。

4）粪便中有孕卵节片，常见于绦虫病。

5）粪便系灰白色或黄白色的膜状管型或圆管状黏液膜，提示黏液膜性肠炎。

6）一般腹泻治疗方法无效，而后突然排出大量鲜红水样或浆样粪便，腥臭难闻，提示白色念珠病与烟曲霉菌双重感染。

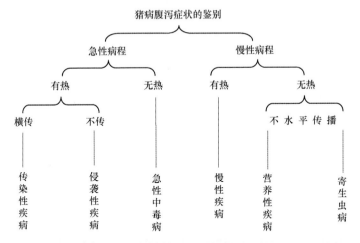

图1-2 猪病腹泻症状鉴别诊断流程

3. 实验室检查

应用实验室检查来确定引起腹泻的具体疾病。根据病史和临床症状确定实验室检查项目，可进行粪便检查、血液学检查、血液生化分析、血清学实验、微生物检查、饲料和胃肠内容物的毒物分析。

二、鉴别诊断要点

引起猪腹泻的常见疾病的鉴别诊断要点见表1-1。

表1-1 引起猪腹泻的常见疾病的鉴别诊断要点

病名	发病时间	发病率	死亡率	临床症状	腹泻物外观	发病及经过	其他症状
轮状病毒感染	7日龄内常不感染，主发于1～5周龄仔猪	较高，多在50%～80%	一般为7%～20%；哺乳仔猪病死率低，断奶仔猪病死率较高	偶见呕吐，消瘦，被毛粗乱	水泻，糊状，有黄凝乳样物，pH为6.0～7.0	突然发作，迅速散播，成窝散发感染	母猪很少发病

（续）

病名	发病时间	发病率	死亡率	临床症状	腹泻物外观	发病及经过	其他症状
传染性胃肠炎	各种年龄均可发生	大流行时几乎近100%；地方性流行一般为20%～50%	10日龄内死亡率近100%，4周龄后死亡率很低	腹泻，呕吐，脱水	浅黄白色，水样，有特殊臭味，pH为6.0～7.0	暴发感染，所有窝几乎同时感染；有的成窝散发感染；少数发生慢性型	母猪厌食，可能呕吐，大便稀，无乳，迅速散播到其他猪只
流行性腹泻	任何年龄均可发生	不一，但通常高	一周内的哺乳仔猪可高达50%，其他较低	腹泻，呕吐，脱水	水样	暴发感染，快速传播	较大猪可见严重症状
仔猪白痢	多见于10～30日龄	发病率为50%左右	病死率低	突然发生拉稀，次数不等	乳白色或灰白色糊状	发病急，迅速散播	1月龄以上的猪很少发生
仔猪黄痢	7日龄以内	发病率高	病死率高	迅速消瘦，脱水，很快死亡，其他仔猪相继发生腹泻	排黄色或黄白色水样粪便，带乳片和气泡	7日龄以上很少发生	初产窝仔猪比经产窝严重
仔猪红痢	7日龄内，以3日龄最多见	发病率高	病死率高	俯卧呈划水状，偶见呕吐，体瘦	水样黄色至血色	缓慢传播整个产房	母猪正常

(续)

病名	发病时间	发病率	死亡率	临床症状	腹泻物外观	发病及经过	其他症状
仔猪副伤寒	2~4月龄多发	散发	及时治疗则病死率低	体端末梢及四肢内侧常出现紫斑，有的慢性病猪皮肤上出现湿疹样变化	急性排浅黄色稀便，慢性排灰绿、黄褐或污黑色带血的稀便	一般呈散发性	6月龄以上很少发生
猪痢疾	7~12周龄仔猪多发	75%	5%~25%	猪群发病最初多为急性，随后以亚急性和慢性为主	粪便混有大量黏液和血液，呈胶冻状	可反复发生，一般间隔3~4周	成年猪也可发生
增生性肠炎	5周龄至6月龄多发	发病率在5%~40%	病死率不高，一般为1%~10%	厌食，不规则腹泻，逐渐消瘦	有的稀薄，有的排沥青样黑色粪便或血样粪便	散发感染，传播慢	成年猪很少发生
猪球虫病	主发生于7~15日龄	不一，多在50%~75%	一般较低，有其他并发症时可高达75%	消瘦，被毛粗乱，后躯常被稀粪污染	腹泻不止，灰黄色水样，较臭，pH为7.0~8.0	散发感染，传播慢，陆续发病	母猪很好

（续）

病名	发病时间	发病率	死亡率	临床症状	腹泻物外观	发病及经过	其他症状
猪蛔虫病	3～6月龄的仔猪感染严重	感染率高	死亡率低	食欲减退，被毛粗乱，腹痛，贫血，有时出现阻塞性黄疸	只有严重者可引起拉稀	散播慢，逐渐增加	成年猪抵抗力强
猪绦虫病	任何年龄均可发生	感染率低	死亡率低	类型不一样，症状也不一样	类型不同，腹泻物外观也不同	病程缓慢	此病有棘球蚴病、细颈囊尾蚴病、囊虫病等
猪鞭虫病	2～6月龄易感，4～6月龄最易感	感染率高	死亡率低	轻者一般无明显症状，重者结膜苍白，贫血，顽固性腹泻	排带黏液的水样血色粪	散播慢	14月龄以上的猪很少感染
猪结节虫病	任何年龄均可发生	不一	不一	腹泻	粪便中带有脱落的肠黏膜	散播慢	母猪很好
猪小袋纤毛虫病	多发生于幼猪，特别是断奶后的仔猪	不一	不一	水样腹泻，混有血液	粪便中有滋养体和包囊两种虫体	散播慢	成年猪呈隐性感染

第三节　常见疾病的鉴别诊断与防治

一、猪轮状病毒感染

猪轮状病毒感染（porcine rotavirus infection）是由猪轮状病毒引起的一种急性肠道传染病，主要发生于 10~60 日龄仔猪，临床上以厌食、呕吐、下痢，种猪和大猪以隐性感染为特点。轮状病毒对外界环境的抵抗力较强，在 18~20℃的粪便和乳汁中，能存活 7~9 个月。

【流行特点】

（1）易感动物　犊牛、仔猪、羔羊。

（2）传染源　患病的人、动物及隐性带毒动物都是重要的传染源。

（3）传播途径　轮状病毒存在于病猪的肠道内，随粪便排到外界环境污染饲料、饮水、垫草和土壤，经消化道传染而感染其他健康猪。

（4）流行季节　本病传播迅速，多发生在晚秋、冬季和早春季节。卫生条件不良、大肠杆菌和冠状病毒等合并感染以及喂非全价饲料等，对疾病的严重程度和病死率均有较大影响。

【临床症状】　潜伏期为 18~19h。病初精神萎靡不振，食欲减退，常有呕吐，迅速发生腹泻，粪便呈水样或糊样，黄白色、灰黄色或暗黑色，脱水（见图1-3）。病症轻重取决于发病日龄和环境条件，特别是环境温度下降和继发大肠杆菌病时，常促使症状加重和死亡率升高。一般认为，经过免疫的母猪群，在乳汁中常含有较高滴度抗体，可为仔猪提供乳源免疫力。因此，轮状病毒性腹泻常发生于断奶后，大多数感染为亚临床型，轻度腹泻且死亡率低。在成年猪群中，广泛存在能抵抗轮状病毒的中和抗体。

【病理剖检变化】　病变部位主要限于消化道。胃弛缓（见图1-4），充满凝乳块和乳汁（见图1-5）。肠管菲薄，半透明，肠内容物为浆液性和水样，呈灰黄色或灰黑色（见图1-6），小肠绒毛短缩扁平，有时小肠广泛出血，肠系膜淋巴结肿大。

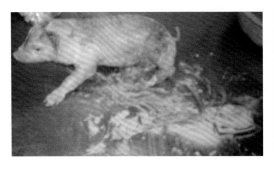

图1-3　病仔猪精神委顿、脱水、腹泻，
排出灰黄色糊状稀便

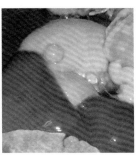

图1-4　胃松弛、扩张

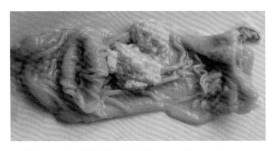

图1-5　胃内存有凝乳块

图1-6　肠壁菲薄，呈
半透明状，肠腔内有多
量灰黄色水样内容物

【类症鉴别】

（1）与猪传染性胃肠炎的鉴别　猪传染性胃肠炎由冠状病毒引起，各种年龄的猪均易感染，并出现不同程度的症状；10日龄以内的乳猪感染后，发病重剧，呕吐、腹泻、脱水严重，死亡率高。剖检可见胃肠道变化较重，整个小肠的绒毛均呈不同程度的萎缩；而轮状病毒感染所致小肠损害的分布是可变的，经常发现肠壁的一侧绒毛萎缩而邻近的绒毛仍然是正常的。

（2）与猪流行性腹泻的鉴别　猪流行性腹泻由类冠状病毒所致，常发生于1周龄的乳猪，腹泻严重，常排出水样稀便，腹泻3～4天后，病猪常因脱水而死亡；死亡率高，可达50%～100%；剖检可见小肠最明显的变化是肠绒毛萎缩和急性卡他性肠炎变化；组织学检查，上皮细胞脱落出现在发病的初期，常于病后2h就开始；肠绒毛的长度与肠隐窝深度的比值由正常的 7∶1 降到 2∶1 或 3∶1。

(3) 与仔猪白痢的鉴别　仔猪白痢由大肠杆菌引起，多发于 10 ~ 30 日龄的乳猪，呈地方性流行，无明显的季节性；病猪无呕吐，排出白色糊状稀便，带有腥臭的气味；剖检可见小肠呈卡他性炎症变化，肠绒毛有脱落现象，多无萎缩性变化，用革兰氏染色时，常能在肠隐窝或肠绒毛上检出大量大肠杆菌。

【预防】

1）严格科学防疫，建立防护屏障。全场免疫注射猪传染性胃肠炎、流行性腹泻和轮状病毒三联活苗，包括种公猪、空怀母猪、妊娠母猪、哺乳仔猪、保育猪和育肥猪。妊娠母猪产前 2 ~ 3 个月，用猪胃流轮三联活苗 5 头份，有条件的在产前 2 ~ 3 周二免（5 头份）；免疫母猪所生仔猪 5 ~ 7 日龄时，接种猪胃流轮三联活苗 1 头份，可有效提高初乳抗体，保护仔猪渡过易感危险期。未免疫母猪所产仔猪 1 日龄时，接种猪胃流轮三联活苗 1 头份。断奶仔猪断奶前 2 ~ 3 天，免疫接种猪胃流轮三联活苗 2 头份。注意进针深度：3 日龄内仔猪为 1.5cm，随猪龄增大而加深，成猪为 4cm；免疫注射部位为交巢穴（即尾根与肛门中间凹陷的小窝部位）。

2）在疫区要让新生仔猪及早吃到初乳，因初乳中含有一定量的保护性抗体，仔猪吃到初乳后可获得一定的抵抗力。

3）猪舍及用具经常进行消毒，可减少环境中本病毒及其他病原微生物的含量，减少发病的机会。

4）发现病猪立即隔离到已消毒、清洁、干燥和温暖的猪舍中，用葡萄糖盐水给病猪自由饮用。停止喂乳，投服收敛止泻剂，使用抗生素和磺胺类等药物以防止继发性细菌感染。静脉注射 5% 葡萄糖氯化钠注射液和 5% 碳酸氢钠注射液，以防脱水和酸中毒。

5）控制霉菌毒素中毒，可在饲料中添加一定比例的脱霉剂，同时加入高档复合维生素。

【临床用药指南】　治疗本病尚无特效的治疗方法。采取补液，内服肠道收敛剂、免疫球蛋白制剂，饲喂葡萄糖-甘氨酸的电解质溶液等措施，以最大限度地减轻由轮状病毒感染引起的脱水和体重下降。抗生素可防止继发感染。

给发病猪口服葡萄糖盐水溶液，效果良好。配方为氯化钠 3.5%、碳酸氢钠2.5g、氯化钾1.5g、葡萄糖20g、常水1000mL混合溶解，口服此液30～40mL/kg体重，每天2次。同时，进行对症治疗，内服收敛剂，使用抗生素和磺胺类药物，以防止继发感染。静脉注射5%葡萄糖盐水和5%碳酸氢钠溶液，可防止脱水和酸中毒。

二、猪传染性胃肠炎

猪传染性胃肠炎（transmissible gastroenteritis，TGE）是由传染性胃肠炎病毒引起的猪的一种急性胃肠道传染病，以呕吐、水样下痢、脱水为主要特征，不同品种和年龄的猪均易感，2周龄以内仔猪死亡率高，对仔猪影响最为严重。随着年龄的增长，其症状减轻，发病率降低，多呈良性经过。

【流行特点】

（1）易感性 各种年龄的猪均有易感性，但是10日龄以内仔猪的发病率和死亡率较高。其他动物对本病无易感性。

（2）传染源 主要是病猪和康复后的带毒猪。病毒主要存在于猪的小肠黏膜、肠内容物、肠系膜淋巴结和扁桃体，随粪便排毒持续8周。

（3）传播途径 主要通过吃入被污染的饲料，经消化道感染，也可通过空气经呼吸道传染，密闭猪舍、湿度大和猪只集中的猪场更易传播。

（4）流行季节 本病多发生在冬、春寒冷的季节，即11月至第二年的4月。

【临床症状】 潜伏期很短，仔猪为15～18h，育肥猪为2～3天。仔猪突然发生呕吐，继而发生急剧的水样腹泻（见图1-7），粪便为

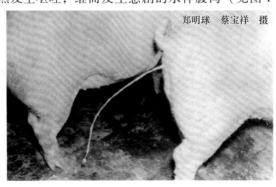

郑明球　蔡宝祥　摄

图1-7　发生急性水样腹泻

黄绿色和灰色，有时呈白色，并含凝乳块。部分病猪体温先短暂升高，腹泻后体温下降，迅速脱水，体重迅速减轻（见图1-8）。严重口渴，食欲减退或废绝。日龄越小，病程越短，病死率越高。一般经2～7天死亡，10日龄以内的仔猪有较高的死亡率，随着日龄的增长而病死率逐渐降低。病愈仔猪生长发育缓慢。

　　育肥猪和成年猪的症状较轻，食欲降低，腹泻，体重迅速减轻，有时出现呕吐。母猪厌食，泌乳减少或停止（见图1-9）。一般3～7天恢复，极少发生死亡。

郑明球　蔡宝祥　摄

图1-8　腹泻后迅速脱水、明显消瘦　　图1-9　母猪厌食、无乳，仔猪消瘦

【病理剖检变化】　病死猪尸体肮脏、脱水，明显消瘦（见图1-10）。主要病变在胃和小肠。仔猪胃内充满凝乳块，胃底黏膜轻度出血，有时在黏膜下有出血斑。小肠内充满黄绿色和灰白色液状物，含有泡沫和未消化的乳块，肠壁变薄而无弹性，肠管扩张呈透明状（见图1-11、图1-12）。肠系膜

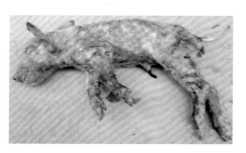

图1-10　病死猪尸体肮脏、
脱水，明显消瘦

血管扩张，淋巴结轻度或严重充血肿大，肠系膜淋巴管内见不到乳糜。

【类症鉴别】

　　（1）与猪流行性腹泻的鉴别　猪流行性腹泻亦发生于寒冷季节，大小猪同样发病，只是乳猪仅部分死亡，治疗效果不明显，确诊需用猪流行

性腹泻病毒的荧光抗体检测出该病原。

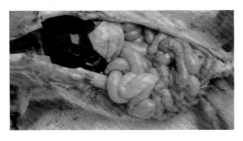

图1-11 肠腔充气，小肠壁充血，
肠壁变薄

图1-12 胃膨胀，肠壁变薄，肠
腔内充气、积液

（2）与猪轮状病毒病的鉴别 猪轮状病毒病同样多发于寒冷季节，仅多发于2月龄以下仔猪，该病的症状、病理变化均轻微，死亡率也很低。确诊需用轮状病毒的荧光抗体检测出该病原。

（3）与仔猪白、黄、红痢的鉴别 这3种病的发生无明显的季节性，分别发生于10～30日龄、7日龄和3日龄仔猪，只有白痢用抗生素或磺胺类药物治疗有一定临床价值，而黄痢、红痢来势凶猛，常来不及治疗即死亡。白痢、黄痢的病原均为致病性大肠杆菌，而红痢属于产气荚膜梭菌。

（4）与仔猪副伤寒的鉴别 仔猪副伤寒的发生也无明显的季节性，多发于2～4月龄猪。急性型：开始时便秘，接着排恶臭血便，耳朵、下腹部及四肢皮肤呈暗红色或青紫色；慢性型：呈顽固性下痢，排灰白、浅黄或暗绿色粪便，在皮肤上常有湿疹。解剖后常在结肠和盲肠部发生浅表性溃疡，病原为沙门氏杆菌，氨基糖甙类药物对仔猪副伤寒有一定的治疗效果。

（5）与猪痢疾的鉴别 猪痢疾的发生同样无明显的季节性，多发于2～3月龄猪，呈慢性经过而流行期长，有复发性的特点，发病率高而死亡率低，起初体温稍升高，粪便中混有多量黏液和血液，呈胶冻状，大肠部发生出血性炎症或溃疡，其病原为猪痢疾密螺旋体，早期用痢菌净及四环素类抗生素治疗有一定疗效。

【预防】

1）免疫接种。国内外有多种弱毒疫苗可使用，接种途径也不一样。我国哈尔滨兽医研究所成功研制出猪传染性胃肠炎与猪流行性腹泻二联灭活苗和弱毒苗。适用于疫情稳定的猪场。大多数是对妊娠母猪于临产前20～40天经口、鼻接种，使母猪产生抗体，不仅对母猪产生保护力，而且其母源抗体对哺乳仔猪的保护力也高。

2）要实行"全进全出"制，定期消毒，保持舍内清洁卫生，在寒冷季节应加强防寒保暖和通风，不准无关人员进入猪舍，饲喂营养丰富的饲料，供给洁净的饮水等，防止犬、猫以及燕子、八哥等进入猪圈。

3）猪场一旦发生疫情，要立即隔离病猪，进行大规模消毒（用2%～3%氢氧化钠消毒猪舍、运动场、用具和运输车辆等）。发病猪与健康猪严格隔离，将损失控制在最小范围内。

4）用高免血清和康复猪的抗凝血给新生仔猪皮下注射5～10mL，口服10mL。此外可采用对症疗法，对发病猪进行抗菌补液，防止继发感染。

【临床用药指南】

1）猪传染性胃肠炎病毒的高免血清、康复猪的全血或血清　给新生仔猪口服，有一定的预防和治疗作用。

2）补充体液　猪传染性胃肠炎往往会使病猪由于严重腹泻而导致脱水，因此补液是十分必要的。可以加饮口服补液盐，对于脱水严重者可注射5%葡萄糖、生理盐水及5%碳酸氢钠，防止其脱水和酸中毒，必要时可注射硫酸阿托品。

3）防止继发感染，可以应用肠道抗菌药如诺氟沙星、新诺明（磺胺甲唑）、庆大霉素等预防继发感染。

4）可用中草药进行辅助治疗。中草药不仅有抑杀病毒的作用，还可通过调节机体免疫力来发挥其抗病毒作用。1）可用中药"三黄加白汤"，处方：黄连8g、黄芩10g、黄柏10g、白头翁15g、枳壳8g、猪苓10g、泽泻10g、连翘10g、木香8g、甘草5g、清水800mL，浸泡30min后，水煎至约500mL，去渣候温灌服，每天1剂，3剂为1疗程。2）可用焦神曲、焦麦芽、焦山楂各10～30g，开水煎15min后拌食喂或胃管投服。

5）防继发或并发感染，可采用抗菌药物如口服磺胺脒片或鞣酸蛋白，肌内注射环丙沙星或恩诺沙星等抗菌药物。

三、猪流行性腹泻

猪流行性腹泻（Porcine Epidemic Diarrhea，PED）是由猪流行性腹泻病毒引起的猪的一种高度接触性肠道传染病，以呕吐、腹泻和脱水为基本特征。

【流行特点】

（1）易感动物　本病仅感染猪，各年龄的猪均易感。尤其以哺乳仔猪严重。

（2）传染源　病猪是主要的传染源，在肠绒毛上皮和肠系膜淋巴结内存在病毒，随粪便排出，污染环境和饲养用具，散播传染。

（3）传播途径　主要经消化道。

（4）流行季节　有一定的季节性。我国多于每年11月份至次年的4月份流行。

【临床症状】　口服人工感染，新生仔猪为15～30h，育肥猪为2天，自然感染可能更长。哺乳仔猪一旦感染，症状明显，表现呕吐、腹泻、脱水、运动僵硬等症状。少数病猪出现体温升高1～2℃。腹泻开始时排黄色黏稠粪便，以后变成水样腹泻。临床症状的轻重随年龄的大小而有差异，年龄越小症状越严重，1周以内的仔猪常于腹泻2～4日后死亡，病死率高达50%，断奶仔猪、育肥猪症状较轻，出现沉郁、食欲不佳，持续1周左右，逐渐恢复正常。成年猪仅表现沉郁、厌食、呕吐等临床症状。

【病理剖检变化】　小肠病变具有特征性。主要病理变化为小肠膨胀，充满浅黄色液体，肠壁变薄，个别肠黏膜有出血点，肠系膜淋巴结水肿，小肠绒毛变短，重症者绒毛萎缩，甚至消失。胃常是空的，其他实质器官无明显的病理变化。

【类症鉴别】

（1）与猪传染性胃肠炎的鉴别　猪传染性胃肠炎由冠状病毒引起，各种年龄的猪均易感染，并出现程度不同的症状；10日龄以内的乳猪感染后，发病重剧，呕吐、腹泻、脱水严重，死亡率高。剖检见胃肠变化均较重，整个小肠的绒毛均呈不同程度的萎缩；而流行性腹泻所致小肠损害的分布是可变的，经常发现肠壁的一侧绒毛萎缩而邻近的绒毛仍然是正常的。

（2）与猪轮状病毒病的鉴别　猪轮状病毒病同样多发于寒冷季节，仅多发于2月龄以下的仔猪。该病的症状、病理变化均轻微，死亡率也很低，表现出越小死亡率越低的特点。确诊需用轮状病毒的荧光抗体即可检测出该病原。

【预防】　免疫接种是目前预防猪流行性腹泻的主要手段。该病由于发病日龄小、发病急、病死率较高，依靠自身的主动免疫往往来不及，因此现行的猪流行性腹泻疫苗大多数是通过给母猪预防注射，依靠初乳中的特异性抗体给仔猪提供良好的保护作用。

1）猪传染性胃肠炎和猪流行性腹泻二联灭活苗。交巢穴注射，可获良好免疫力。①妊娠母猪距预产期 20～25 天，每头注射 4mL，可使该窝仔猪获得免疫力。②乳猪（其母妊娠时未注射该疫苗）及断奶仔猪交巢穴注苗 2mL。③体重 70kg 以内的交巢穴注苗 3mL。④体重 70kg 以上的交巢穴注苗 4mL。对没有接种并且发病的哺乳仔猪可施行紧急接种，新生仔猪每头 0.5mL，5～25kg 重仔猪每头 1mL，体重在 25kg 以上的猪每头 2mL，可使部分仔猪免于死亡。该疫苗安全有效，认真保定好方可进行交巢穴注射。

2）猪传染性胃肠炎和猪流行性腹泻二联弱毒苗。由于弱毒活苗内含活病毒，可诱导抗体产生快、抗体水平高，因此一般来说，在自动免疫时弱毒疫苗的免疫效果要比灭活苗好。①妊娠母猪产前 2 个月内服 4 头份，隔周肌内注射 4 头份，再隔两周肌内注射 4 头份。②8～10 周龄仔猪每头内服 2 头份。

⚠ 【注意】　购进该疫苗要用冰筒携带，保存于冰箱或冷冻室；使用时用生理盐水稀释，气温在 4℃ 以下，48h 用完；气温 30℃ 时，1h 以内用完。

【临床用药指南】　本病应用抗生素治疗无效。主要采取综合性防治措施，加强对猪只的饲养管理，提高猪只的一般抵抗力。搞好猪舍的清洁卫生和消毒，经常清除粪便，禁止从疫区引进仔猪。一旦发生本病，可采取粪便进行酶联免疫吸附试验，以检出排毒的病猪，及时隔离。猪舍、用具可用 2% 氢氧化钠或 5%～10% 石灰乳、漂白粉消毒，病猪在隔离条件下治疗。对病猪及时补液，让其自由饮用葡萄糖溶液，不能饮水的病猪，静脉注射或腹腔内注射 5%～10% 含糖盐水和 5% 碳酸氢钠注射液。也可试用下述药物治疗：

[方 1]　病猪群饮用口服补液盐溶液（氯化钠 3.5g、氯化钾 1.5g、碳

酸氢钠 2.5g、葡萄糖 20g、兑水 1000mL)。

[方2] 庆大霉素 1000 ~ 1500 单位/kg 体重，每隔 12h 注射 1 次。

[方3] 盐酸环丙沙星注射液按 2.5mg/kg 体重和硫酸小檗碱注射液 5 ~ 10mL 肌内注射，每天 2 次，连用 3 ~ 5 天。

[方4] 白细胞干扰素 2000 ~ 3000 单位，每天 1 ~ 2 次，皮下注射。

[方5] 2.5% 恩诺沙星注射液 1mL/10kg 体重，肌内注射，每天 2 次。

[方6] 用康复猪的抗凝血或高免血清口服，每次 10mL，连用 3 天。

[方7] 马齿苋、积雪草、一点红各 60g，煎水，喂服，每天 1 剂，连用 3 ~ 5 剂。

四、仔猪黄痢

猪大肠杆菌病按其发病日龄和病原菌血清型的差异，在仔猪群中引起的疾病可分为仔猪黄痢（yellow scour of newborn piglets）、仔猪白痢和仔猪水肿病。

【流行特点】

（1）**易感性** 常发生于出生后 1 周内，以 1 ~ 3 日龄最为常见，随日龄增加而减少，7 日龄以上很少发生，同窝仔猪发病率 90% 以上，死亡率很高，甚至全窝死亡。

（2）**传染源** 主要是带菌的母猪。无病猪场从有病猪场引进猪或断奶仔猪，如不注意卫生防疫工作，使猪群感染后易引起仔猪大批发病和死亡。

（3）**传播途径** 主要经消化道传播，带菌母猪由粪便排出病原菌，污染母猪皮肤和乳头，仔猪吮奶或舔母猪皮肤时可被感染。仔猪出生后，舍内保温条件差而受寒，是新生仔猪发生黄痢的主要诱因。

【临床症状】 仔猪出生时体况正常，12h 后突然有 1 ~ 2 头全身衰弱，迅速消瘦、脱水，很快死亡（见图 1-13），其他仔猪

图 1-13 病仔猪突然衰弱、脱水、死亡

相继发生腹泻，粪便呈黄色糊糊状，并迅速消瘦、脱水（见图1-14），昏迷而死亡。

【病理剖检变化】　剖检尸体可见脱水严重，皮下常有水肿，肠道膨胀，有多量黄色液状内容物和气体（见图1-15），肠黏膜呈卡他性炎症变化，以十二指肠最为严重，空肠、回肠次之（见图1-16），肠系膜淋巴结有弥漫性小点出血（见图1-17），肝肾有凝固性小坏死灶（见图1-18）。

图1-14　病仔猪排黄色糊状稀便，迅速脱水、消瘦

图1-15　肠壁变薄，肠管灰白且扩张，充满稀薄内容物

图1-16　肠黏膜潮红，呈卡他性出血性肠炎

图1-17　肠系膜淋巴结肿大，肠壁潮红

图1-18　肝脏上可见小坏死灶

【类症鉴别】

(1) 与仔猪白痢的鉴别 仔猪白痢是由致病性大肠杆菌引起的非败血性、急性肠道传染病。多发生于 10 ~ 30 日龄的仔猪，以 20 日龄左右最常见，7 日龄以内和 1 月龄以上很少发生。发病率中等，病死率低，呈地方性流行，一年四季均可发生，以严冬、早春和炎热的夏季发病较多。临床症状为突然腹泻，无呕吐，粪便呈乳白色、灰白色或黄白色糊状，有特殊的腥臭味。一般体温无大变化，被毛蓬松无光泽，肛门周围被粪便污染不洁。病久者消瘦、脱水，生长发育受阻。病理变化可见卡他性肠炎，肠内容物呈糊状、灰白色，肠系膜淋巴结肿胀。

(2) 与仔猪红痢的鉴别 仔猪红痢是由 C 型产气荚膜梭菌的外毒素引起仔猪的一种肠毒血症，又称传染性坏死性肠炎、梭菌性肠炎等。主要感染 1 ~ 3 日龄的新生仔猪。一旦发病，常年在母猪产仔季节多发，病死率较高。7 日龄以上仔猪发病很少。病猪偶有呕吐，主要以出血性腹泻为特征。病理变化可见腹腔积液呈红色，空肠出血、坏死，肠内容物混有多量小气泡，淋巴结肿大、出血。

(3) 与猪痢疾的鉴别 猪痢疾是由猪痢疾密螺旋体引起仔猪的一种肠道传染病。2 ~ 3 月龄多发，季节性不明显，传播缓慢，流行期长，易复发。发病率高，病死率较低。病初体温略高（40 ~ 40.5℃），排出混有多量黏液和血液的粪便，呈油脂样或胶冻状，为棕色、红色或黑红色。弓背、收腹、脱水、消瘦、贫血，最后因虚弱而死亡。慢性病例有黑痢现象，高度消瘦。病变主要在大肠（结肠、盲肠、直肠），有卡他性出血性肠炎、纤维素性渗出以及黏膜表层坏死等病变，而小肠没有病变。

(4) 与仔猪副伤寒的鉴别 仔猪副伤寒主要感染 6 月龄以内的仔猪，以 1 ~ 4 月龄的仔猪多发，腹泻，体温升高（41 ~ 42℃），粪便中混有血液、伪膜。病变部位在大肠，表现为大肠壁增厚，黏膜有坏死，上面附有伪膜如麸皮样。耳根、胸前、腹下皮肤有紫红色出血斑，肝脏有糠麸样细小灰黄色坏死点。脾脏肿大呈暗蓝色，坚硬如橡皮。

(5) 与猪传染性胃肠炎的鉴别 猪传染性胃肠炎是由冠状病毒引起的一种高度接触性消化道传染病。本病多发生于冬春寒冷季节，发病迅速。10 日龄以内的仔猪病死率很高，5 周龄以上病死率很低。仔猪的典型症状是突然发生呕吐，接着发生急剧的水样腹泻，排乳白色或黄绿色稀便，带有未消化的小凝乳块，有恶臭或腥臭味。病理变化主要在胃和小肠，胃膨胀，充满未消化的凝乳块。小肠膨大，有泡沫状液体和未消化的凝乳块，小肠绒毛萎缩，小肠壁变薄呈透明状。

（6）与仔猪流行性腹泻的鉴别　仔猪流行性腹泻是由流行性腹泻病毒引起仔猪的一种急性、接触性肠道传染病，多发生于寒冷季节。日龄越小，症状越重。1周龄以内的仔猪常于腹泻2～4天后，因脱水而死亡，病死率可达100%。病猪多在吮乳后发生呕吐，呕吐物为黄色、深蓝色。然后排水样粪便，为灰色、灰黄色或呈透明水样。病理变化在小肠，肠管膨胀、扩张，充满黄色液体，肠壁变薄，小肠绒毛萎缩，肠系膜淋巴结水肿。

（7）与猪轮状病毒感染的鉴别　猪轮状病毒感染是由猪轮状病毒引起仔猪的一种急性肠道传染病，多发生于寒冷季节，常与仔猪白痢混合感染，以2月龄以内的仔猪多发。病初粪便呈黄色、灰色或黑色，为水样或糊状。缺乏母源抗体保护的仔猪刚出生几天则症状重，病死率高。通常10～21日龄仔猪症状较轻，腹泻数日即可康复。3～8周龄仔猪症状更轻。病理变化主要在消化道，胃弛缓，充满凝乳块和乳汁。肠壁变薄，呈半透明状。肠管膨胀，含液状内容物，为灰黄色或灰黑色，小肠广泛性出血，肠绒毛萎缩。胆囊肿大。盲肠和结肠也含类似的内容物而膨胀。

【预防】

1）抓好母猪的饲养管理，保持产房的清洁和消毒，喂乳前要对乳房进行消毒和清理，有乳腺炎的母猪应及早治疗。

2）加强新生仔猪的护理，尤其是新生仔猪的保暖防寒措施，及早哺喂初乳，并做好补铁补硒工作。

3）仔猪应提早补料，选用优质全价的乳猪料，及时补充饮水。

4）免疫预防。仔猪大肠埃希氏菌三价灭活苗分别带有K88、K99、987P纤毛抗原的大肠埃希氏菌培养物经甲醛溶液灭活后，加氢氧化铝胶制成。妊娠母猪在产仔前40日和15日各肌内注射1次，每次5mL。免疫母猪后，新生仔猪通过吮吸母猪的初乳而获得被动免疫，预防仔猪黄痢。

①仔猪大肠埃希氏菌病K88、K99双份基因工程灭活苗　用基因工程人工构建的大肠埃希氏菌C600/PTK8899菌株，经培养收获K88、K99两种纤毛抗原，甲醛溶液灭活后，经冷冻、真空、干燥制成。母猪耳根部皮

下注射。取疫苗 1 瓶加无菌水 1mL 溶解，与 20% 铝胶 2mL 混匀，妊娠母猪在临产前 21 日左右注射 1 次即可。仔猪通过吮食初乳被动获得抗大肠埃希氏菌感染力，预防仔猪黄痢。为了确保免疫保护效果，尽量使所有仔猪都吃足初乳。

② 仔猪大肠埃希氏菌病 K88、LTB 双份基因工程活苗　此苗用于预防大肠埃希氏菌引起的新生仔猪腹泻。肌内注射或口服。按瓶签注明头份，用无菌生理盐水溶解。口服免疫，每头口服 500 亿个活菌，在孕母猪预产期前 15～25 日进行，将每头份疫苗与 2g 碳酸氢钠一起拌入少量精饲料中，空腹喂给母猪，待吃完后再做常规喂食；肌内注射免疫，每头注射 100 亿个活菌，在母猪预产期前 10～20 天进行。

疫情严重的猪场，在产前 7～10 天再加强免疫 1 次，方法同上。

【临床用药指南】　如果一窝仔猪中发现 1 头仔猪患黄痢，就应对全窝仔猪用药。适用药物有土霉素、庆大霉素、新霉素、磺胺甲基嘧啶等。

［方 1］每天每头仔猪，肌内注射庆大霉素 2 万单位，连用 2～3 天。

［方 2］口服痢菌净 20～25mg/kg 体重，每天 2 次，连用 2～3 天。

［方 3］每头仔猪，肌内注射乳酸诺氟沙星注射液 1mL，每天 2 次，连用 2 天。

［方 4］硫酸卡那霉素注射液，肌内注射，1 次 10～15mg/kg 体重，每天 2 次，连用 3 天。

［方 5］每头仔猪，肌内注射 2.5% 恩诺沙星注射液 0.5mL，每天 2 次。

病情严重的可选用上述药物进行腹腔注射。用药的同时不能使用微生态制剂。大肠杆菌易产生耐药菌株，宜交替使用药物，有条件的养殖户可通过药敏试验选择药物治疗。用药治疗的同时要做好猪舍的清洁卫生和消毒工作，母猪喂奶前用 0.1% 高锰酸钾溶液擦拭乳头和乳房。

五、仔猪白痢

仔猪白痢（white scour of piglets）是由于仔猪感染大肠埃希氏菌而造成的一种常发性疾病，主要的临床表现为下痢和排出灰白色粥状粪便。

【流行特点】

(1) 易感性　发生于 10～30 日龄的仔猪，以 2～3 周龄较为多见，

1月龄以上的猪很少发生，其发病率为50%左右，而病死率低。

（2）传染源 患病动物和带菌者是本病的主要传染源。

（3）传播途径 通过粪便排出病菌，散播于外界，污染水源、饲料、空气以及母猪的乳头和皮肤，当仔畜吮奶、饮食时，经消化道感染。

【临床症状】 病猪突然发生腹泻，多数排出乳白色或灰白色浆状、糊状粪便（见图1-19），久病者消瘦、衰弱（见图1-20），可排浅黄绿色的黏稠便，味腥臭（见图1-21）。腹泻次数不等。病程2～3天，长的1周左右，可自行恢复，死亡率较低。

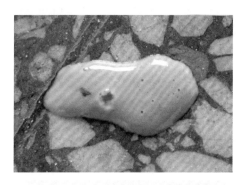

图1-19 病仔猪排灰白色的糊状稀便

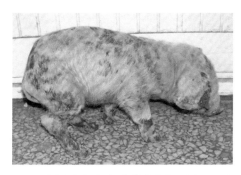

图1-20 久病仔猪体况不佳，
贫血、消瘦、衰弱

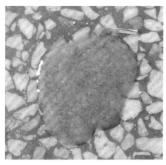

图1-21 部分病仔猪还可排
出浅黄绿色的黏稠糊状带
腥臭味的稀便

【病理剖检变化】 剖检久病死亡的仔猪，外表苍白、消瘦。胃膨胀，内有大量气体（见图1-22）。肠壁薄而透明，肠腔内有气体及多量黏液性分泌液（见图1-23），肠黏膜有充血、出血的卡他性炎症变化。

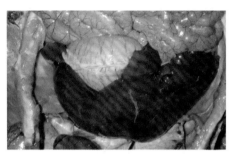

图1-22 胃内有多量气体而显膨胀

图1-23 肠壁薄且肠腔内有多量黏液性内容物，肠黏膜充血、出血

【类症鉴别】

（1）与仔猪红痢的鉴别 仔猪红痢是由C型产气荚膜梭菌的外毒素引起仔猪的一种肠毒血症，又称为传染性坏死性肠炎、梭菌性肠炎等。主要感染1～3日龄的新生仔猪。一旦发病，常年在母猪产仔季节多发，病死率较高。7日龄以上仔猪发病很少。病猪偶有呕吐，主要以出血性腹泻为特征。病理变化可见腹腔积液呈红色，空肠出血、坏死，肠内容物混有多量小气泡，淋巴结肿大、出血。

（2）与仔猪黄痢的鉴别 患仔猪黄痢的仔猪出生时体况正常，12h后突然有1～2头全身衰弱，迅速消瘦、脱水，很快死亡，其他仔猪相继发生腹泻，粪便呈黄色糊状，迅速脱水、消瘦、昏迷而死亡。剖检尸体可见脱水严重，皮下常有水肿，肠道膨胀，有多量黄色液状内容物和气体，肠黏膜呈卡他性炎症变化，以十二指肠最为严重，空肠、回肠次之，肠系膜淋巴结有弥漫性小点出血，肝肾有凝固性小坏死灶。

【预防】

1）加强妊娠母猪和哺乳母猪的饲养管理，防止过肥或过瘦。母猪饲养管理的好坏，直接影响到仔猪的健康状况。要选种选配，避免近亲繁殖。老弱或母性不良的母猪不宜作种用。根据母猪不同，合理调配饲料，使母猪在妊娠期及产后有较好的营养，保持泌乳量的平衡，防止乳汁过浓或过稀。

2）做好产仔母猪产前产后的护理工作。产仔前，将圈舍（产圈）打扫干净，彻底消毒，或用火焰喷灯消毒铁架和地面。母猪乳房用消毒液或温水洗净、擦干。阴门及腹部亦应擦洗干净。

3）做好仔猪的饲养管理。提早补料，并耐心细致地抓好补料工作。

4）减少应激。尽量减少或防止各种应激因素的发生，提高母猪的抗病能力。

5）改善猪舍的环境卫生。应及时清除粪便，猪舍地面经常保持清洁、干燥；做好防寒保暖或防暑降温工作；食槽、水槽经常刷洗，保持洁净。

6）药物预防。在出生仔猪没吃初乳前，可给仔猪喂服助消化药、抗生素等预防药物。

7）菌苗预防。用本场仔猪腹泻病例分离的菌株，经分离、鉴定后，制成菌苗（自家苗）用于预防，常可收到较好的效果。

【临床用药指南】

[方1] 促菌生或调痢生（8501）。这是近些年来使用的微生态活菌制剂，主要调整病仔猪肠道内环境和菌群失调，连用2~3日，有较好疗效。请按说明书的要求应用。

[方2] 链霉素1g、胃蛋白酶3g，混匀，5头小猪1次分服，每天2次。

[方3] 磺胺脒15g、碱式硝酸铋15g、胃蛋白酶10g、龙胆末15g，加淀粉和水适量，调匀，供15头小猪上、下午各服1次。

[方4] 磺胺脒0.5g、苏打0.5g、乳酸钙0.5g，加淀粉和水适量，调匀，1次口服。

[方5] 0.2%亚硒酸钠溶液　肌内注射，体重2.5kg以下为1mL，2.5~5kg猪为1~1.5mL，7.5kg以上猪为2mL。这对缺硒地区母猪所产仔猪发病有较好的防治效果。

[方6] 硫酸亚铁2.5g、硫酸铜1g、氯化钴1g，溶于1000mL水中，在母猪喂奶前，涂于乳头上，让仔猪舔服；稍大时可拌入饲料中饲喂。对贫血性下痢有一定效果。

[方7] 土霉素或金霉素糖粉，每次0.2~0.4g，每天2次。喹诺酮类药物也可用于治疗。

[方8] 白龙散：白头翁2份，龙胆粉1份，混匀，每天1次，每次10~15g，连服2~3天。

[方9] 大蒜500g、甘草120g，切碎后加白酒500mL，浸泡5~7天。取原液1mL加水4mL灌服，每天2次。

[方10] 金银花大蒜液：取金银花100g，加水800~1000mL，煮沸至300mL左右时，用纱布过滤、去渣，滤液再加热浓缩为100mL。另取大蒜10g，捣碎，加水100mL，浸泡2~3h后过滤，去渣。取2份金银花浓缩液和1份大蒜浸出液混合，体重3.5~7.5kg小猪每次灌服15~20mL；7.5~15kg小猪每次灌服20~30mL，每天2次，一般2天可治愈。

六、仔猪红痢

仔猪梭菌性肠炎，俗称仔猪红痢（clostridial enteritis of piglets），是由C型和A型产气荚膜梭菌引起的1周龄内仔猪的高度致死性的肠毒血症，以血性下痢、病程短、病死率高、小肠后半段弥漫性出血或坏死性变化为特征。

【流行特点】 本病主要侵害1~3日龄的仔猪，1周龄上的仔猪很少发病。在同一猪群，各窝仔猪的发病率不同，最高可达100%，病死率一般为20%~70%。此菌常存在于一部分母猪的肠道里，随粪便排出，污染垫料及哺乳母猪的乳头，仔猪出生后不久经消化道感染发病。本病在自然界分布很广，存在于人畜肠道、土壤、下水道和尘埃中。猪场一旦发生本病，不易清除。

【临床症状】 按病程经过分为最急性型、急性型、亚急性型和慢性型。

（1）最急性型 仔猪出生后1天内就可发病，临床症状多不明显，只见仔猪后躯沾满血样稀粪，病猪虚弱，很快进入濒死状态。少数病猪尚无血痢即昏倒或死亡。

（2）急性型 此类型最为常见。病猪排出含灰色组织碎片的红褐色液状稀粪，消瘦，虚弱，病程常维持2天，一般在第3天死亡。

（3）亚急性型 持续性腹泻，病初排出黄色软粪，以后变成液状，内含坏死组织碎片。病猪极度消瘦和脱水，一般5~7天死亡。

（4）慢性型 病程1周以上，间歇性或持续性腹泻，粪便呈灰黄色糊状，病猪逐渐消瘦，生长停滞，数周后死亡。

【病理剖检变化】　眼观病理变化常见于空肠，出现长短不一的出血性坏死（见图1-24）。空肠呈暗红色，肠腔内有含血液体（见图1-25），肠系膜淋巴结呈红色。病程长的以坏死性炎症为主，黏膜有黄色性伪膜，容易剥离，肠腔内有坏死的组织碎片。胃部黏膜出血（见图1-26）。腹水增多呈血样。

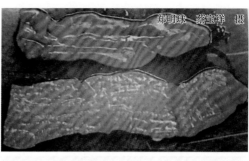

郑明球　茶宝祥　摄

图1-24　空肠黏膜充血、出血、坏死，呈暗红色

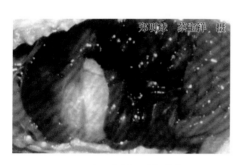

郑明球　茶宝祥　摄

图1-25　空肠与回肠肠壁严重出血，肠腔充满含血的液体

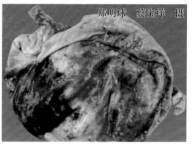

郑明球　茶宝祥　摄

图1-26　胃部黏膜出血

【类症鉴别】　仔猪白、黄痢病鉴别参照上述鉴别诊断。

【预防】

1）由于本病发病迅速，病程短，发病后药物治疗效果不佳，给新生仔猪口服抗菌药，每日2~3次，可作为药物紧急预防。

2）搞好猪舍和周围环境卫生，特别是产房的卫生消毒工作尤为重要，将分娩前的母猪的奶头进行清洗和消毒，可减少本病的发生和传播。

3）免疫接种。目前采用C型产气荚膜梭菌福尔马林氢氧化铝菌苗，于临产前一个月进行免疫，两周后重复免疫一次。仔猪出生后注射抗猪红痢血清3~5mL，可以有效地预防本病发生，但注射要早，否则效果不佳。

4）目前已经证实，A型产气荚膜梭菌也是本病的主要病因，因此建议针对 A 型和 C 型均采取预防措施。

【临床用药指南】

[方 1] C 型产气荚膜梭菌灭活菌苗 10mL。母猪产前一月和半月分别肌内注射 1 次。

[方 2] 磺胺嘧啶 0.2～0.8g、三甲氧苄啶 40～160mg、活性炭 0.5～1g，混匀 1 次喂服，每日 2～3 次。

[方 3] 链霉素粉 1g、胃蛋白酶 3g。用法：混匀喂服 5 头仔猪量，每天 1～2 次，连用 2～3 天。

[方 4] 黄连 12g、黄芩 10g、连翘 9g、金银花 7g、当归 10g、白芍 15g、三七 3g。

七、仔猪副伤寒

仔猪副伤寒（swine paratyphoid），又称猪沙门氏菌病，是由沙门氏菌引起的 1～4 月龄仔猪的一种传染病，以急性败血症或坏死性肠炎为特征，常引起大批的断奶仔猪发病。如果治疗不及时，且死亡率较高，可造成较大损失。

【流行特点】

（1）**易感性** 人、各种家畜对沙门氏菌属的许多血清型都有易感性，不分年龄大小均易感，幼龄动物易感性最高。猪多发生于 1～4 月龄的仔猪。

（2）**传染源** 病猪和带菌猪是主要传染源，猪霍乱沙门氏菌感染后的康复猪，一部分尚能持续排毒。

（3）**传播途径** 病菌污染的饲料和水，经消化道感染，另外可经精液传播和子宫内传染。

（4）**流行季节** 本病无季节性，但是多雨潮湿的季节发病较多。一般呈散发性和地方流行性。

【临床症状】

（1）**急性**（败血型） 病猪体温升高至 41～42℃，食欲废绝，呼吸困难，耳、鼻端、四肢内侧的皮肤上常有紫斑，有时后肢麻痹，便秘，病死率很高，病程 1～4 天。

（2）**亚急性和慢性**（下痢型） 临床常见的类型，病猪体温升高，被毛失去光泽，呕吐，一般出现恶臭的黄色水样下痢，有时出现呼吸道症状。结膜潮红、肿胀，有脓性分泌物，少数发生角膜混浊，严重者发生溃疡。病猪由于下痢、脱水而很快消瘦（见图1-27）。在后期出现弥漫性湿疹（见图1-28）。病程2~3周甚至更长，最后极度消瘦，衰竭死亡。有时病猪症状逐渐减轻，但是以后生长缓慢或短期内又复发。

蔡宝祥 郑明球 摄

图1-27 病猪精神沉郁，
喜卧，消瘦

图1-28 病猪精神沉郁，消瘦，
皮肤出现湿疹样变

【病理剖检变化】

（1）急性（败血型） 病猪耳、胸腹下部皮肤有蓝紫色斑点。各内脏有不同程度的点状出血。全身淋巴结肿大、出血（见图1-29），尤其是肠系膜淋巴结索状肿大。脾脏肿大，呈蓝紫色，硬度似橡皮，被膜可见散在的出血点。肝脏肿大、出血，肝实质可见针尖至小米粒大的灰黄色坏死点。肾皮质可见出血斑点。肺常见瘀血和水肿，气管内有白色泡沫。卡他性胃炎及肠黏膜充血和出血并有纤维素性渗出物。

（2）亚急性和慢性（下痢型） 病猪尸体极度消瘦，在胸腹部、四肢内侧等皮肤上可见绿豆大小的痂样湿疹。特征性病变是回肠、盲肠、结肠呈局灶性或弥漫性的纤维素性坏死性炎症，黏膜表面坏死物呈糠麸样，剥开可见底部呈红色、边缘不规则的溃疡面（见图1-30）。少数病例滤泡周围黏膜坏死，稍突出于表面，有纤维蛋白渗出物积聚，形成隐约可见的轮环状。肠系膜淋巴结肿胀，切面灰白色似脑髓样，并且常有散在的灰黄色坏死灶，有时形成大的干酪样坏死物。脾肿大，似橡皮。肺的尖叶、心叶和膈叶前下部常有卡他性肺炎病灶。

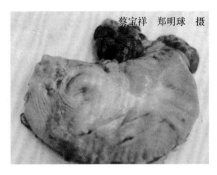

蔡宝祥 郑明球 摄

图1-29 胃淋巴结出血

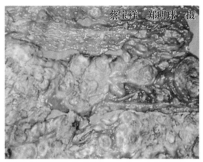

蔡宝祥 郑明球 摄

图1-30 结肠、盲肠黏膜有
弥漫性坏死，出现边缘
不规则的溃疡面

【类症鉴别】

（1）与猪瘟的诊断鉴别　慢性病例根据特征症状、病史和病理改变不难确诊；急性病例极易与败血型猪瘟混淆，应通过细菌培养确定。急性猪瘟与急性仔猪副伤寒，慢性猪瘟与慢性仔猪副伤寒，在临床上有些相似，容易混淆。猪瘟的皮肤常有小出血点，精神高度沉郁，不食，各种药物治疗无效，病死率极高。不同年龄的猪都发病，传播迅速。剖检时肝脾不肿大，无坏死灶，但脾脏有出血性梗死，回盲口附近有纽扣状溃疡（或叫轮层状溃疡）。

（2）与仔猪传染性胃肠炎的鉴别　仔猪传染性胃肠炎是由冠状病毒引起的一种高度接触性消化道传染病。本病多发生于冬春寒冷季节，发病迅速。10日龄以内的仔猪病死率很高，5周龄以上的猪病死率很低。仔猪的典型症状是突然发生呕吐，接着发生急剧的水样腹泻，排乳白色或黄绿色稀便，带有未消化的小块凝乳块，有恶臭或腥臭味。病理变化主要在胃和小肠，胃膨满，充满未消化的凝乳块。小肠膨大，有泡沫状液体和未消化的凝乳块，小肠绒毛萎缩，小肠壁变薄，呈透明状。

【预防】

1）饲养管理。本病是由于仔猪的饲养管理及卫生条件不良而促发和传播的。因此，预防本病的根本措施是认真贯彻"预防为主"的方针。首先应该改善饲养管理和卫生条件，消除发病诱因，增强仔猪的抵抗力。仔猪的用具和食槽要经常洗刷，圈舍要清洁，经常保持干燥，及时清除粪便，以减少感染机会。哺乳及培育仔猪防止乱吃脏物，给以优质易消化的饲料，防止突然更换饲料。

2）注射疫苗。在本病常发地区，可对1月龄以上哺乳或断奶仔猪，用仔猪副伤寒活苗进行预防，按瓶签说明注明头份，用20%氢氧化铝胶生理盐水稀释，每头肌内注射1mL，免疫期为9个月；口服时，按瓶签说明，服前用冷开水稀释，每头份5~10mL，掺入少量新鲜冷饲料中，让猪自行采食。口服免疫反应轻微。或将1头剂疫苗稀释于5~10mL冷开水中给猪灌服。

3）发病后的措施

① 病猪要及时隔离和治疗。

② 圈舍要清扫、消毒，特别是饲槽要经常刷洗干净。粪便及时清除，堆积发酵后才可利用。

③ 根据发病当时疫情的具体情况，可在假定健康猪的饲料中加入氟苯尼考或其他抗生素进行预防。连喂3~5天，有预防效果。

④ 死猪应深埋，切不可食用，防止人发生食物中毒事故。

【临床用药指南】 对全群仔猪进行观察，发现病猪后立即隔离，及时治疗，并指定专人负责照料。

[方1] 土霉素，按0.1g/kg体重计算，口服每天2次，连服3天。

[方2] 复方新诺明，每天0.07g/kg体重，分2次口服，连服3~5天。

[方3] 磺胺脒，按每天0.2~0.4g/kg体重计算，分2次口服，连服3~5天。磺胺-5甲氧嘧啶或磺胺-6甲氧嘧啶等与抗菌增效剂（TMP）按5:1混合，按25~30mg/kg体重口服，每天2次，连用3~5天。

[方4] 喹诺酮类药物：盐酸环丙沙星或恩诺沙星，2.5mg/kg体重，肌内注射，每天2次，连用2~3天；0.5%诺氟沙星注射液，0.5mL/kg体重，肌内注射，每天2次，连用3~5天；2.5%恩诺沙星注射液，0.2mL/kg体重，肌内注射，每天2次，连用3~5天。

[方5] 氟苯尼考注射液，40mg/kg体重，588消炎退热灵注射液，0.2mL/kg体重，肌内注射，每天2次，连用4~6天；氟苯尼考粉，60mg/kg体重，木炭末每头2g，混匀，内服，每天2次，连服5~6天。

八、猪痢疾

猪痢疾（swine dysentery），俗称猪血痢，是由致病性猪痢疾密螺旋体（见图1-31）引起的一种以黏液性出血性腹泻为主要临床表现的猪肠道传染病，其特征为黏液性出血性下痢，大肠黏膜发生卡他性出血性炎症，有时发展为纤维素性坏死性炎症。

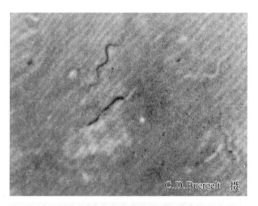

C.D.Buergelt 摄

图1-31 猪密螺旋体菌体（显微镜暗视野检查所见）

【流行特点】

（1）易感性 不同年龄、不同品种的猪均有易感性，以7～12周龄猪发病最多，其他动物无感染发病的报道。

（2）传染源 病猪和带菌猪是本病主要传染源。

（3）传播途径 康复猪带菌率很高，带菌时间可达数月。有的母猪虽无症状，但其粪中的病菌仍可引起哺乳仔猪感染并污染周围环境、饲料、饮水、用具及运输车辆。

（4）流行季节 本病的发生无季节性，流行过程缓慢，先有几头猪发病，以后逐渐蔓延，并在猪群里常年不断发生，流行期长。

【临床症状】 潜伏期长短不一，可短至2天，长者达3个月，一般为7～14天。人工感染为3～21天。

（1）最急性型 往往不见腹泻症状，可于数小时内死亡，该病例不常见。

（2）**急性型**　病初排黄色至灰色的软便，体温升至40~40.5℃。数天后，粪便含有大量半透明的黏液，粪便呈胶冻状，多数粪便中含有血液和血凝块以及脱落的黏膜组织碎片（见图1-32、图1-33）。

图1-32　病猪后躯被黏液性出
　　　　血性痢疾物污染

图1-33　病猪排出多量黏液性
　　　　血样稀便

（3）**亚急性和慢性型**　多见于流行的中后期。亚急性的病程为2~3周，慢性为4周以上，下痢时轻时重，反复发生。下痢时粪便中含有黑红色血液和黏液，有时会污染病猪后躯（见图1-34）。病猪进行性消瘦、贫血，生长迟滞，呈恶病质状态。

【病理剖检变化】　主要病变局限于大肠，回盲口为明显分界。

（1）**最急性型和急性型**　表现为卡他性出血性肠炎，病变肠管肿胀，黏膜出血（见图1-35），肠腔内充满黏液和血液（见图1-36）。病程稍长

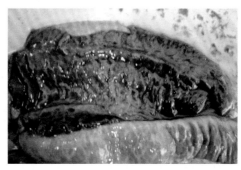

图1-34　后躯沾满含
　　　　血的污粪

图1-35　大肠黏膜肿胀、出血

的病例，黏膜表面可见坏死点及黄色或灰色伪膜，常限于黏膜表面（见图1-37）。大肠系膜充血、水肿，淋巴结增大（见图1-38）。小肠和小肠系膜淋巴结常不受侵害。其他器官无明显的变化。

图1-36　大肠黏膜增厚、出血、有黏液

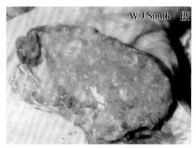

图1-37　大肠黏膜增厚并附有一层灰黄色坏死伪膜，局部有出血斑

（2）亚急性和慢性型　表现为纤维素性坏死性大肠炎，肠黏膜表面形成伪膜，剥去伪膜露出浅表的糜烂面。

【类症鉴别】

（1）与猪传染性胃肠炎的鉴别　猪传染性胃肠炎的病原是传染性胃肠炎病毒。季节对该病的影响显著，冬季多发。潜伏期较短（18～72h），这是该病临床诊断的重要依据。仔猪表现为突发

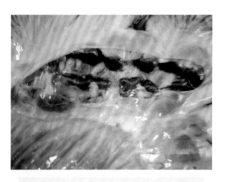

图1-38　肠系膜淋巴结肿大、出血

性的呕吐，随之出现频繁且剧烈水样的腹泻，粪便呈黄色、绿色或灰色，腥臭，一般混有未消化的凝乳块。病猪饮水量极大，且会出现脱水现象，消瘦，日龄越小，死亡率越高。剖检特征为尸体显著脱水，体表被粪便污染。常见的病变区域在胃和小肠，胃内有大量未消化的乳凝块，胃底黏膜存在明显的充血，小肠内存在大量的黄绿色或灰白色液体，并混合泡沫及未消化的乳凝块。小肠壁变薄，缺乏弹性，从而使得肠管扩张、呈半透明

状态，淋巴结严重肿胀，肠系膜血管充血并明显扩张。取空肠内容物于玻璃培养皿内铺平，加适量生理盐水，采用低倍显微镜进行观察，发现空肠绒毛明显缩短。

（2）与仔猪副伤寒的鉴别 仔猪副伤寒的病原是猪霍乱沙门氏菌及猪副伤寒沙门氏菌，主要的发病群体为 2 ~ 4 个月龄的仔猪。肠炎及持续性下痢是其主要的诊断标准，浅表性坏死性肠炎及急性败血症是其主要病理变化，小部分表现为干酪性及卡他性肺炎。临床症状和猪传染性胃肠炎极为相似。

（3）与猪轮状病毒病的鉴别 猪轮状病毒病的病原是轮状病毒。该病临床上以腹泻为诊断标准。通常成年猪为隐性感染，晚冬和早春是该病的高发期。该病传播速度快，猪群吃食后会出现呕吐和腹泻，病猪粪便一般为黄色、灰色或暗黑色水样及糊状物。仔猪发生该病的概率通常为 70% 左右，而病死率则不超过 10% 。

【预防】

1）至今尚无菌苗可用，因此控制本病主要采取综合防治措施，严禁从疫区引进猪，必须引进时，应隔离检疫 2 个月。

2）加强饲养管理，猪场实行"全进全出"制，进猪前应按照消毒程序与要求对猪舍进行消毒。

3）发病猪场做好全群淘汰工作，彻底清理和消毒，空舍 2 ~ 3 个月后方可引进健康的猪。

【临床用药指南】

1）西药治疗。恩诺沙星注射液按 10 ~ 20mg/kg 体重、盐酸山莨菪碱（654-2）注射液按 1 ~ 2mg/kg 体重、盐酸异丙嗪注射液按 0.5 ~ 1mg/kg 体重、复合维生素 B 注射液每头 5 ~ 10mL、地塞米松磷酸钠注射液每头按 5 ~ 10mg 混合后 1 次肌内注射。以上各药每日注射 1 次，连用 2 ~ 3 天即可，治愈率达 90% 以上。

肌内注射或口服痢菌净，再肌内注射庆大霉素 2000 国际单位/kg 体重，连续注射 4 天，或者在饲料中添加林可霉素 100mg 和杆菌肽 1g，连续用 9 天。

2）中药治疗。连翘、板蓝根各 30g，丹皮、黄芩、栀子、桔梗、甘草、茯苓、玄参、赤芍各18g，生石膏90g，加入2500mL水后浸泡30min，小火水煎，取1000mL给每头患猪灌10mL，每天2次，连续服用7天。在患猪的病情得到控制后，再采用黄芩、黄柏各150g、栀子100g、黄连200g，加水3000mL，水煎，然后取汤药加入饲料中，连续加4天，增强病猪抵抗力。

九、猪增生性肠炎

猪增生性肠炎（porcine proliferative enteritis，PPE），又称猪增生性肠病，是由专性胞内劳森菌引起的猪的接触性传染病，以回肠和结肠隐窝内未成熟的肠细胞发生根瘤样增生为特征。

【流行特点】

（1）**易感性** 猪是本病的易感动物。断奶猪至成年猪均有发病报道，但以6～16周龄生长育肥猪易感。

（2）**传染源** 病猪和带菌猪是本病的传染源。感染后7天可从粪便中检出病菌，感染猪排菌时间不定，但至少为10周。

（3）**传播途径** 病原菌随粪便排出体外，污染外界环境，并随饲料、饮水等进入消化道而感染。

【临床症状】 临床表现可以分为三型。

（1）**急性型** 较少见，发生于4～12月龄的猪，表现为急性出血性贫血，血色水样腹泻，病程稍长时，排黑色柏油样稀粪，后期转为黄色稀粪。

（2）**慢性型** 本型最常见。多发生于6～12周龄的生长猪，主要症状为食欲减退，精神沉郁，出现间歇性下痢，粪便变软、变稀，呈糊状或水样，颜色较深，有时混有血液或坏死组织，尿液呈浅黄色（见图1-39）。如症状较轻且无继发感染，有的猪在发病4～6周后康复，但有时成为僵猪。值得注意的是，当猪群中发生不规律的腹泻且有贫血现象，并可在猪群中见到瘦长的病猪时（见图1-40），就可怀疑本猪群可能发生了慢性型PE。

（3）**亚临床型** 感染猪体内有病原体存在，由于无明显症状或症状轻微，不易引起人们的关注，但是生长速度和饲料利用率下降。

图1-39 排出浅黄色的尿液

图1-40 病猪拉稀、贫血、消瘦、
生长不良

【病理剖检变化】 病变多见于小肠末端的50cm及邻近结肠上1/3处，常看到浆膜下和肠系膜水肿（见图1-41），病变部位的肠壁增厚，肠管直径变粗。肠黏膜形成横向和纵向皱褶，黏膜表面湿润而无黏液。

根据病理变化，PE可分为三种类型，即坏死性肠炎、局限性回肠炎和急性出血性肠病。

（1）坏死性肠炎 可见凝固性坏死和炎性渗出物形成灰黄色干酪样物，顽固地附在肠壁上（见图1-42、图1-43、图1-44）。有时还可看到胃底黏膜出血（见图1-45）。

图1-41 浆膜下和肠系膜水肿

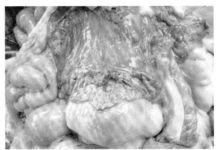

图1-42 大肠初段黏膜上有顽
固附着的干酪样物

（2）局限性回肠炎 肠管肌肉显著肥大，如同硬管，习惯上称"软管肠"（见图1-46），打开肠腔，可见溃疡面，常成条形。

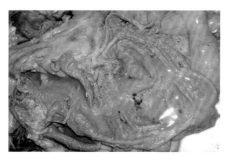

图1-43　可见凝固性坏死和炎性
渗出物形成灰黄色干酪样物
并顽固地附在肠壁上

图1-44　附在肠壁上的灰黄色
干酪样物

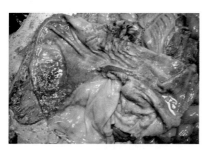

图1-45　胃底黏膜出血

图1-46　回肠肠管肥大，如同硬管，
习惯上称"软管肠"

（3）急性出血性肠病　很少波及大肠，主要引起回肠壁增厚，小肠内可见凝血块，结肠也总能见到黑色焦油状粪便（见图1-47）。肠系膜淋巴结肿大（见图1-48）。

【类症鉴别】　　与猪痢疾相区别，主要病变局限于大肠（结肠、盲肠）。急性病例为大肠黏液性和出血性炎症，黏膜肿胀、充血和出血，肠腔充满黏液和血液；慢性病例为坏死性大肠炎，黏膜上有点状、片状或弥漫性坏死，坏死常限于黏膜表面，肠内混有多量黏液和坏死组织碎片。其他脏器常无明显变化。

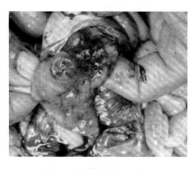

图1-47 从小肠排入大肠内的
血样内容物

图1-48 肠系膜淋巴结肿大

【预防】

1）免疫接种。国外已经研制出猪增生性肠病的无毒活苗，可以有效控制本病。

2）加强饲养管理，实行"全进全出"制，有条件的猪场可考虑实行多地饲养。

3）尽量减少应激反应，转栏、换料前给予适当的药物，可较好地预防该病。

4）严格消毒，加强灭鼠措施，搞好粪便管理。尤其是哺乳期间尽量减少仔猪接触母猪粪便的机会。

【临床用药指南】

1）治疗用药：①抗病毒I号粉＋复方替米先锋，混合后按每袋500kg拌料，连用7天。②泰乐菌素＋山莨菪碱，按推荐剂量肌内注射，每天1次，连用3天。③氟苯尼考注射液＋长效土霉素，混合后按20mg/kg体重肌内注射，2天1次，连用3次。④每天供给充足的饮水或口服补液盐（配方为氯化钠3.5g、碳酸氢钠2.5g、氯化钾1.5g、无水葡萄糖20g，添加到1000mL水中），有利于增加机体的电解质，保持酸碱平衡，以防止脱水，增强抗病能力，促进生长发育。

2）针对发病猪隔离治疗，交替使用2.5%恩诺沙星注射液或硫酸小檗碱注射液，按说明书的剂量于患猪交巢穴注射，每天1次，连续3～4天。

3）在基础日粮中添加泰妙菌素（100g/t 饲料）和阿莫西林粉（200g/t 饲料）或替米考星（500g/t 饲料）和先锋特号（阿莫西林，500g/t 饲料），连用 7～10 天。

4）经过药物治疗后，对少数机体瘦弱、贫血、食量少的猪只，分别每头 1 次肌内注射牲血素（含硒型）2.5～3mL，复合维生素 B 注射液 4～5mL，对增加食欲、恢复健康、促进生长发育有良好的作用。

5）预防用药：硫黏霉素 120mg/kg、泰乐菌素 100mg/kg、林可霉素 110mg/kg 或金霉素（或土霉素）400mg/kg，连续用药 2～3 周。可将药物溶于水中或预混到饲料中口服，也可对感染猪和接触猪肌内注射相同剂量的药物。在更新猪群时，新种猪在运输经过污染区域及进入感染群前，应采用治疗水平的抗生素对新种猪治疗一段时间，以防止临诊病例的发生。

十、猪球虫病

猪球虫病（swine coccidiosis）是由球虫寄生于猪肠道上皮细胞引起的寄生虫病。主要危害 7～15 日龄的乳猪群，以腹泻、脱水、体重下降和死亡为主要临床特征。

【流行特点】 卵囊随粪便排出体外，在适宜的条件下发育为孢子化卵囊，进入体内后释放出子孢子，子孢子侵入肠道进行裂殖生殖及配子生殖，大小配子在肠腔结合为合子，最后形成卵囊。经口感染猪，仔猪感染后是否发病取决于摄入卵囊的数量和虫种。不论是规模化饲养，还是散养，猪球虫病都有发生。5～10 日龄乳猪最易感，有时可能伴有传染性胃肠炎、大肠杆菌和轮状病毒感染。

【临床症状】 猪球虫感染以水样腹泻为特征。病猪主要表现为腹泻，排黄色和灰白色粪便，恶臭，初为黏液，12h 后排水样粪便，导致仔猪脱水、失重（见图1-49）。在伴有传染性胃肠

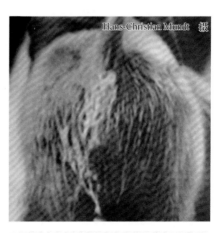

图1-49 仔猪腹泻，排水样黄色稀便

炎、大肠杆菌和轮状病毒感染时，往往造成死亡。耐过的仔猪生长发育受阻。成年猪多不表现明显症状，成为带虫者。

【病理剖检变化】　主要是空肠和回肠的急性炎症，黏膜上覆盖黄色纤维素坏死性伪膜，肠上皮细胞坏死并脱落；小肠有出血性炎症，淋巴滤泡肿大突出，有白色和灰色的小病灶，常出现直径 4～15mm 的溃疡灶，表面附有凝乳样薄膜。肠内容物呈褐色，恶臭，肠系膜淋巴结肿大。通过电子显微镜可清晰地观察到球虫卵囊（见图 1-50、图 1-51）及萎缩的小肠绒毛（见图 1-52）。

图 1-50　猪等孢球虫卵囊

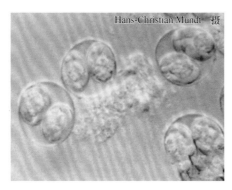

图 1-51　猪等孢球虫卵囊，电子显微镜观察球虫卵囊从回肠黏膜上皮细胞中释放出来

图 1-52　乳猪感染等孢球虫 5 天后，电子显微镜观察小肠绒毛萎缩

【类症鉴别】

与仔猪黄痢鉴别　球虫病使猪感染发病多为 7～15 日龄，5 日龄前一般不会发病，大多数在 2 周后拉稀现象消失，而仔猪黄痢主要使出生 7 日龄内的仔猪感染发病；猪球虫病死亡率低，而仔猪黄痢死亡率很高；球虫

病用抗菌药无效，而仔猪黄痢应用抗菌药有效；球虫病一旦出现，一窝猪发病，等下一窝仔猪到 7 日龄马上也会发病，接下来整栋圈的仔猪到 7 日龄很难幸免，而仔猪黄痢较少出现整栋圈发病。

【预防】

1）成年猪多为带虫者，应与仔猪分开饲养，放牧场也应分开。

2）仔猪哺乳前，母猪乳房要洗拭干净，哺乳后母猪和仔猪要及时分开。

3）猪圈舍要天天清扫，粪便和垫草等污物集中无害化处理。每周用沸水或 3%～5% 氢氧化钠溶液对地面、猪栏、饲槽、饮水槽等进行消毒 1 次。最好用火焰喷灯进行消毒。

4）对于工厂化猪场应采取全进全出的生产模式，定期对猪舍消毒。

5）饲料和饮水要严禁猪粪污染。不可突然变换饲料种类，应逐步过渡。加强营养，饲料多样化，增强机体抵抗力。同时还可进行药物预防。

【临床用药指南】 将药物添加在饲料中预防哺乳仔猪球虫病，因其吃料太少，所以效果不理想；把药物加入饮水中或将药物混于铁剂中可能有比较好的效果；个别给药是治疗本病的最佳方法。

[方 1] 磺胺类：磺胺二甲基嘧啶、磺胺间甲氧嘧啶、磺胺间二甲氧嘧啶等，连用 7～10 天。

[方 2] 抗硫胺素类：氨丙啉、复方氨丙啉、强效氨丙啉、特强氨丙啉、SQ- 氨丙啉，20mg/kg 体重，口服。

[方 3] 三嗪类：杀球灵、百球清，3～6 日龄的仔猪口服，20～30mg/kg 体重。

[方 4] 莫能霉素：每 1000kg 饲料加 60～100g。

[方 5] 拉沙霉素：每 1000kg 饲料加 150mg，连喂 4 周。

十一、猪蛔虫病

猪蛔虫病（ascariosis）是由猪蛔虫寄生在猪的小肠中而引起的一种常见的寄生虫病，其流行和分布极为广泛。

【流行特点】 以 3～6 月龄的仔猪感染严重，成年猪多为带虫者，却是重要的传染源。猪感染主要是由于猪吃了被感染性虫卵污染的饮水、饲料或土壤等。母猪乳房沾染虫卵，仔猪在哺乳时亦可感染。本病一年四季均可发生。猪蛔虫病的流行十分广泛，不论是规模化方式饲养的猪，还是散养的猪，都有发生。这与猪蛔虫产卵量大、虫卵对外界抵抗力强及饲养管理不当有关。

【临床症状】 成年猪的抵抗力较强，故一般无明显症状。该病对仔猪危害严重，在幼虫侵袭肺脏而引起蛔虫性肺炎时，主要表现体温升高、咳嗽。在成虫寄生阶段的初期，可出现异嗜癖现象。一般随着病情的发展，逐渐出现食欲减退、皮毛粗乱、腹痛、贫血等症状（见图1-53），还可看到排出体外的虫体（见图1-54）。当肠道寄生的虫体过多时，可引起肠管堵塞，表现为腹痛症状。有时虫体钻入胆管，病猪因胆管堵塞而表现腹痛及黄疸等症状，常引起死亡。

图1-53 大量蛔虫寄生时，可见病猪贫血、消瘦，体况不佳

图1-54 有时可见到排出体外的猪蛔虫的成虫

【病理剖检变化】 猪蛔虫（见图1-55）的幼虫阶段和成虫阶段引起的症状和病变是不相同的。

1）幼虫移行至肝脏时，引起肝组织出血、变性和坏死，形成云雾状的蛔虫斑，直径约1cm。移行至肺时，引起蛔虫性肺炎。

2）成虫寄生在小肠时机械性地刺激肠黏膜，引起腹痛。蛔虫数量多时常聚集成团，堵塞肠道，

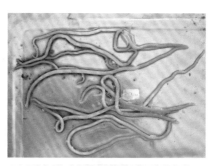

图1-55 从肠腔内取出的猪蛔虫的成虫

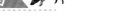

导致肠破裂。有时蛔虫可进入胆管及胆囊（见图1-56），造成胆管堵塞，引起黄疸，还可引起胆囊炎（见图1-57）等症状。

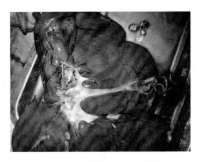

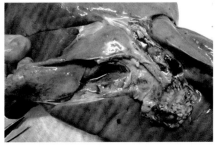

图1-56　进入胆管和胆囊内的
猪蛔虫

图1-57　猪蛔虫进入胆囊后，造成
其囊壁增厚及黏膜增生而粗糙

3）成虫能分泌毒素，作用于中枢神经和血管，引起一系列神经症状。成虫夺取宿主大量的营养，使仔猪发育不良，生长受阻，被毛粗乱，常成为造成"僵猪"的一个重要原因，严重者可导致死亡。

【类症鉴别】

（1）与流行性腹泻鉴别　猪流行性腹泻在不同的年龄阶段都会发生，年龄大的猪患病后症状明显，而感染猪蛔虫病则不明显。

（2）与传染性胃肠炎的鉴别　传染性胃肠炎的发病年龄比较广，而且不足10日龄的仔猪死亡概率较大，成年猪基本不会死亡。3～6月龄的仔猪患有蛔虫病后有严重的呼吸困难、口渴、呕吐、腹泻症状，不愿意走动。

【预防】

1）定期驱虫。对散养的生长育肥猪，仔猪断奶后驱虫1次，4～6周后再驱虫1次；母猪在妊娠前和产仔前1～2周驱虫；生长育肥猪在3月龄和5月龄各驱虫1次；引进的种猪进场后应立即进行驱虫。规模化的养猪场要对全场的猪进行定期驱虫。

2）减少虫卵对环境的污染。圈舍要及时清理，勤冲洗，勤换垫料，粪便和垫料进行发酵处理；进猪前，产房和猪舍要进行彻底清洗和消毒；加强饲养管理，注意猪舍的清洁卫生，母猪转入产房前要用肥皂水清洗体表。

3）猪粪和垫料应在固定地点堆集发酵，利用发酵的温度杀灭虫卵。已有报道猪蛔虫幼虫可引起人的内脏幼虫移行症，因此杀灭虫卵对公共卫生也具有重要意义。

【临床用药指南】 治疗可使用下列药物驱虫，均有很好的治疗效果。

[方1] 甲苯达唑：10～20mg/kg 体重，混在饲料中喂服。

[方2] 氟苯咪唑：30mg/kg 体重，混在饲料中喂服。

[方3] 左旋咪唑：10mg/kg 体重，混在饲料中喂服。

[方4] 噻嘧啶：20～30mg/kg 体重，混在饲料中喂服。

[方5] 阿苯达唑：10～20mg/kg 体重，混在饲料中喂服。

[方6] 伊维菌素（或用阿维菌素）：0.3mg/kg 体重，皮下注射或口服。

[方7] 多拉菌素：0.3mg/kg 体重，皮下或肌内注射。

十二、猪绦虫病

猪绦虫病（taeniasis solium）包括棘球蚴病、细颈囊尾蚴病和猪囊虫病3种。

1. 棘球蚴病

本病是由细粒棘球绦虫的幼虫——棘球蚴寄生在猪的各脏器的人畜共患的寄生虫病。

【流行特点】 成虫寄生在犬、狼等肉食动物的小肠内，孕卵节片脱落或虫卵随粪便排出体外，被中间宿主吞食后，卵内六钩蚴在消化道逸出，钻入肠管血管内，随血液到达肝脏和肺脏，发育为成熟的棘球蚴。终末宿主吞食含棘球蚴的脏器后，棘球蚴在小肠经2.5～3个月发育为成虫。棘球蚴的传播与养犬密切相关。动物与人主要通过与犬的接触，误食棘球绦虫卵而感染。

【临床症状】 棘球蚴对动物的致病作用是机械性的压迫、毒素作用和过敏反应。棘球蚴多寄生在肝脏，其次为肺脏。寄生在肝脏时，最后多呈营养衰竭和极度虚弱。代谢物被吸收后，使周围的组织发生炎症和过敏反应，严重者死亡。寄生在肺脏时，发生呼吸困难、咳嗽、气喘、肺浊音区逐渐扩大等症状。

【病理剖检变化】 肝脏、肺脏凹凸不平，可在该处发现棘球蚴；另外也可以在脾脏、肾脏、肌肉、皮下、脑等处发现棘球蚴。

【预防】

1）禁止用感染棘球蚴的动物肝脏、肺脏等器官喂犬，消灭牧场上的野犬、狼。

2）定期对犬驱虫及犬的粪便做无害化处理。

3）人与犬等动物接触时，应注意个人卫生防护，严防感染。

【临床用药指南】

[方1] 吡喹酮：25～50mg/kg体重，每天1次，连用5天。

[方2] 氯硝柳胺：150mg/kg体重，口服。

[方3] 氢溴槟榔碱：2mg/kg体重，口服。

2. 细颈囊尾蚴病

本病是由寄生于犬科动物小肠内的泡状带绦虫的幼虫（细颈囊尾蚴）引起的一种疾病。成虫寄生在犬的小肠内，幼虫寄生在猪的肠系膜、网膜和肝脏部位。

【流行特点】 成虫寄生在终末宿主犬、狼等肉食动物的小肠内，含有虫卵的泡状带绦虫孕片随粪便排出体外，以后节片破裂，散出虫卵。当猪吃入虫卵后，虫卵进入消化道，六钩蚴逸出并钻入肠道进入血管，随血液转移到肝脏和腹腔，发育为细颈囊尾蚴。本病分布广泛，凡是养犬的地方，一般都有本病发生。

【临床症状】 主要发生于仔猪。细颈囊尾蚴病多为慢性发展，有少量寄生时一般不表现显著症状。多量寄生时可引起猪只消瘦衰弱（见图1-58），腹部膨大，黄疸，腹部压诊有痛感，严重感染时，发生腹膜炎。

【病理剖检变化】 剖检特征为肝脏肿大，出血，腹膜炎，腹腔内有红色透明液体。在肠系膜、网膜和肝脏表面上有鸡蛋大小的"水铃铛"，内充满透明囊液，有小白点，即为头节（见图1-59）。六钩蚴移行时肝脏出血，在肝脏实质中有虫道。

【预防】 参见棘球蚴病。

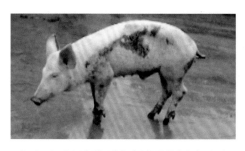

图1-58 多量寄生时可引起
猪消瘦衰弱

图1-59 寄生于大肠系膜上的
细颈囊尾蚴，俗称"水铃铛"

【临床用药指南】 目前尚无有效的治疗方法，可试用吡喹酮50mg/kg体重，1次口服。

3. 猪囊虫病

囊虫病是由寄生在人体内的猪带绦虫的幼虫——猪囊尾蚴引起的人畜共患寄生虫病。

【流行特点】 猪的感染与不合理的饲养方式和不良的卫生习惯有关。猪因吃到患者的粪便而感染，给本病的传播创造了条件。人的感染与个别地方的居民喜吃未充分烹调的猪肉有关，若烹调温度不高未将猪囊尾蚴杀死，则可感染猪带绦虫。感染无明显的季节性，但在虫卵适合生存、发育的温暖季节呈上升趋势。多为散发性，有些地方呈流行性。自然条件下，猪是易感动物，囊尾蚴可在猪体内存活3～5年。

【临床症状】 一般无明显的症状，但是极度感染可引起贫血、肌肉水肿。由于病猪不同部位的肌肉均会水肿，表现两肩显著外展，臀部异常肥胖宽阔，头部呈大胖脸形，前躯、后躯、四肢异常肥大，体中部窄细，病猪呈哑铃状和葫芦形，前面看呈狮子头形。病猪走路时四肢僵硬，后肢不灵活，左右摇摆，似醉酒状。严重感染时可出现相应的症状，如呼吸困难、声音嘶哑。

【病理剖检变化】 严重感染的猪肉呈苍白色而湿润，全身各处肌肉中均可发现囊尾蚴，脑、眼、肝脏、肺脏甚至淋巴结和脂肪内也可发现囊尾蚴。初期囊尾蚴外部有细胞浸润现象，继而发生纤维性变。

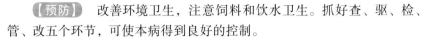

【预防】　改善环境卫生，注意饲料和饮水卫生。抓好查、驱、检、管、改五个环节，可使本病得到良好的控制。

1）加强肉品检验，大力推广定点屠宰、集中检验。如检出阳性猪，应严格按照国家规定进行无害化处理，严禁流入消费者手中。

2）查治病人。猪带绦虫病人是猪囊尾蚴感染的唯一来源，驱虫治疗是切断感染来源的重要措施。

3）加强人粪管理和改善猪的饲养方法。

4）注意个人卫生，不吃生或半生的猪肉。

5）加强宣传教育，提高人类对猪囊尾蚴的危害性和感染途径的认识。

【临床用药指南】

[方1] 吡喹酮：30~60mg/kg 体重。每天 1 次，连用 3 天。

[方2] 阿苯哒唑：30mg/kg 体重，每天 1 次，连用 3 天，早晨空腹给药。

十三、猪鞭虫病

猪鞭虫病（trichuriosis），又称毛首线虫病，是由猪毛首线虫寄生于猪大肠中引起的一种寄生虫病。主要特征为严重感染时引起贫血、顽固性下痢。

【流行特点】　成虫寄生于猪的大肠。虫卵随猪的粪便排出体外，在适宜的温度和湿度条件下，发育为含有第一期幼虫的感染性虫卵，猪吃入后，第一期幼虫在小肠内释出，钻入肠绒毛间发育，然后移行至盲肠和结肠并钻入肠腺，在此进行 4 次蜕皮，逐渐发育为成虫。猪是猪毛首线虫的自然宿主，一般 2~6 月龄易感，4~6 月龄感染率最高，以后逐渐下降。一年四季均可发生，夏季感染率最高。

【临床症状】　临床上可见到贫血、腹泻或出血性腹泻。严重时病猪消瘦，皮肤失去弹性，结膜苍白，腹泻，有时排出水样血便并有黏液，生长停滞，步态不稳，最后因恶病质而死，仔猪症状严重。

【病理剖检变化】　虫体以纤细的体前部刺入黏膜内（见图 1-60），引起盲肠、结肠的慢性卡他性炎症。剖检盲肠和结肠黏膜可发现出血性坏死、水肿和溃疡（见图 1-61），还有和结节虫病相似的结节，结节内有部分虫体和虫卵，严重者可在盲肠及结肠内看到大量的鞭虫（见图 1-62、

图 1-63）。

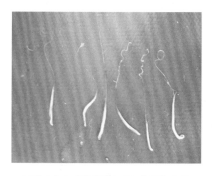

图 1-60　毛首线虫（鞭虫）虫体

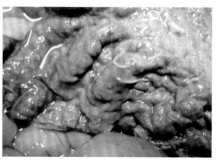

图 1-61　盲肠黏膜肿胀、出血、坏死

图 1-62　盲肠内的鞭虫

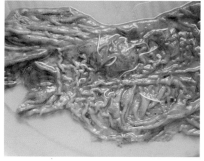

图 1-63　盲肠内可看到多量
　　　　的鞭虫

【诊断类症鉴别】　采取病猪粪便，用饱和盐水漂浮法在粪便中找到特异形态的虫卵，结合临床症状即可确诊。或在尸体剖检中在盲肠和结肠内发现形似鞭子的虫体即可确诊。

（1）与仔猪缺铁性贫血的鉴别　缺铁性贫血的哺乳仔猪多于生后 8 ～ 9 天出现贫血症，以后随着年龄增大，贫血逐渐加重，表现被毛粗乱，皮肤及可视黏膜淡染甚至苍白，精神不佳，食欲减退，离群伏卧，呼吸快，消瘦，生长不均匀，易继发下痢或与便秘交替出现，腹蜷缩、异嗜癖、血液色淡稀薄且不易凝固。剖检可见肝肿，脂肪变性呈淡灰色，肌肉淡红色。

（2）与猪增生性肠炎的鉴别　猪增生性肠炎有传染性。哺乳猪至成年猪均有发生，特别是 2～5 月龄的猪多发，主要表现精神不振，食欲减退，严重腹泻，生长停止，体重减轻，被毛粗乱。如果病程延长，将会排出黑色焦油样的血样粪便。表现特征性的厌食：虽对食物好奇，但又不吃。

（3）与胃肠卡他病的鉴别　胃肠卡他病猪精神不振，食欲减退，咀嚼缓慢，体温多半无变化，常有呕吐，烦渴贪饮，饮后又吐，粪干，眼结膜黄染，口臭。继而肠音增强，病猪表现里急后重，时时努责排稀粪，粪中常夹杂黏液和血丝，最后甚至直肠脱出，稀粪污染肛门、后躯和尾部。

【预防】

1）定期驱虫。对生长-育肥猪、仔猪断奶后驱虫 1 次，再于 3 月龄和 5 月龄再驱虫 1 次；母猪在妊娠前和产仔前 1～2 周驱虫；引进的种猪进行驱虫。规模化的养猪场要对全场的猪进行定期驱虫。

2）减少虫卵对环境的污染。圈舍要及时清理，勤冲洗，勤换垫料，粪便和垫料进行发酵处理；产房和猪舍在进猪前要进行彻底清洗和消毒；加强饲养管理，注意猪舍的清洁卫生，母猪转入产房前要用肥皂水清洗。

【临床用药指南】

［方1］羟嘧啶：此为驱除毛首线虫的首选药，按 10～20mg/kg 体重，混料饲喂。

［方2］阿苯达唑：10mg/kg 体重，1 次口服。

［方3］芬苯达唑：10mg/kg 体重，连用 3 天。

［方4］伊维菌素：0.3mg/kg 体重，皮下注射；0.1mg/kg 体重，口服，连用 7 天。

［方5］驱虫净（噻咪唑）：25mg/kg 体重，口服；或配成 3%～10% 浓度，15～20mg/kg 体重，肌内注射。

［方6］左旋咪唑：7.5mg/kg 体重，口服或肌内注射。

［方7］每吨饲料中加泰乐菌素 150g、多西环素 200g、多维 300g、阿苯哒唑-伊维菌素预混剂 ［(6+0.25)%］ 500g 混饲，全群连续饲喂 7 天。

十四、猪结节虫病

猪结节虫病（oesophagostomosis of pig），又称食道口线虫病，是由食道科、食道口属多种线虫寄生于猪结肠内引起的寄生虫病。主要特征为严重感染时肠壁形成结节，破溃后形成溃疡而致顽固性肠炎。

【流行特点】 卵随粪便排出体外，经 24～48h 孵出幼虫，再经过 3～6 天发育为感染性的幼虫，猪在吃食或饮水时吞入感染性幼虫后，幼虫即在大肠黏膜下形成结节并蜕皮，经过 5～6 天后第四期幼虫返回肠腔，再蜕一次皮即发育为成虫。

【临床症状】 一般无明显症状。严重感染时，肠壁结节破溃后，发生顽固性肠炎，粪便中带有脱落的黏膜，表现腹痛、腹泻、贫血、高度消瘦，发育障碍。继发细菌感染时，则发生化脓性结节性大肠炎。

【病理剖检变化】 幼虫在大肠形成结节（见图 1-64）为主要病变。在第三期幼虫钻入时部分出现瘢痕，肠黏膜发生局灶性增厚，内含大量淋巴细胞、巨噬细胞和嗜酸性粒细胞，于第四天形成结节。可在黏膜肌层发现成囊的幼虫。由于弥漫性淋巴结栓塞导致盲肠和结肠肠壁水肿，也可形成局灶性纤维素性坏死薄膜，第二周后开始消退，残留一部分结节和瘢痕。感染细菌时，可继发弥漫性大肠炎。

图 1-64 大肠内的幼虫形成许多白色结节

【预防】 本病的预防应注意搞好猪舍和运动场的清洁卫生，保持干燥，及时清理粪便，保持饲料和饮水的清洁，避免污染。

【临床用药指南】

[方 1] 左旋咪唑：8～10mg/kg 体重，1 次口服。

[方 2] 硫苯咪唑：5～10mg/kg 体重，1 次口服。

[方 3] 1% 阿维菌素：每 30kg 体重 1mg，颈部皮下注射。

[方4] 雷丸、榧子、槟榔、使君子、大黄各等份。粉碎为细末，体重25kg猪只服15g，体重50kg猪只服20g，开水冲调服。

十五、猪小袋纤毛虫病

猪小袋纤毛虫病（balantidium coli）是由结肠小袋纤毛虫寄生在猪的结肠引起的。多为隐性感染，严重感染者腹泻。

【流行特点】 主要是感染猪和人。当猪吞食了污染的饲料和饮水后，囊壁在小肠内被消化，包囊内虫体逸出变为滋养体，进入大肠寄生。然后以横二分裂法繁殖，经过一定时期的无性生殖后，进行有性接合生殖，然后又进行二分裂法繁殖。新生的滋养体在不良环境的刺激下变圆，分泌坚韧的囊壁包围虫体而成为包囊期虫体，随粪便排出体外。虫体对外界抵抗力强，可以在潮湿的环境中生存2个月。

【临床症状】

(1) 急性型 多发生于幼猪，特别是断奶后的小猪。主要表现为水样腹泻，混有血液。粪便有滋养体和包囊两种虫体存在。病猪食欲不振，渴欲增加，粪稀如水、恶臭。

(2) 慢性型 常由急性病猪转来，表现发育障碍、消化机能障碍、贫血、消瘦、脱水。

(3) 隐性型 感染动物无症状，但成为带虫传播者。主要发现在成年猪。

【病理剖检变化】 一般无明显变化。但当宿主消化功能紊乱或其他原因致使肠黏膜损伤时，虫体可侵入肠壁形成溃疡，主要发生在结肠，其次是直肠和盲肠。

【诊断与类症鉴别】

(1) 粪便检查 用生理盐水涂片法检查新鲜粪便中的滋养体和包囊，以获确诊。由于虫体排出呈间歇性，故需反复检查提高检出率。对虫体鉴定有疑问时，可用苏木素染色，以助鉴别。

(2) 病理检查 在乙状结肠镜的帮助下取病变组织切片镜检。鉴别特征是虫体呈椭圆形，前端右纵裂的胞口有1个大核和1个小核。

(3) 类症鉴别 需与阿米巴痢疾、细菌性痢疾及肠炎鉴别。

【预防】

1）主要搞好猪场的环境卫生和消毒工作。

2）发病后应及时隔离、及时治疗。

3）粪便应及时清除，进行发酵处理。

4）饲养人员应注意个人卫生和饮食清洁，以防被感染。

【临床用药指南】 可选用四环素类药物。口服甲硝唑 8～10mg/kg 体重，每天 3 次，连用 5～7 天，能彻底清除虫体。为避免重复感染，在投药的同时，每天应及时清除粪便，并用火焰喷灯火烧猪栏和运动场，以消灭外界环境中的包囊。

第二章
呼吸系统疾病的鉴别诊断与防治

第一节 呼吸系统疾病的发生因素及感染途径

一、疾病发生的因素

(1) 生物性因素 包括病毒（如猪呼吸与繁殖障碍综合征病毒、猪流行性感冒病毒、猪瘟病毒、伪狂犬病毒及猪圆环病毒 2 型等）、细菌（如链球菌、多杀性巴氏杆菌、支气管败血波氏杆菌、猪胸膜肺炎放线杆菌、副猪嗜血杆菌及大肠杆菌等）、支原体（猪肺炎支原体等）及寄生虫（猪球虫、蛔虫、后圆线虫等）等。

(2) 环境因素 主要是指猪舍内的环境及卫生状况。我国北方猪舍绝大部分采取封闭式养猪，尤其在冬季不太重视通风，致使空气中的灰尘、氨气超标。猪舍中的灰尘不同于一般灰尘，它是病毒和细菌的载体，长时间漂浮，积聚了大量病原体，吸入猪呼吸道造成呼吸道综合征。猪场没有真正落实温度随日龄逐渐降低的措施，没有考虑到 24h 内的温度变化，湿度没有控制在 50% ~ 75%，猪舍的朝向以及猪场总的布局，都会对呼吸系统疾病的发生产生一定的影响。

(3) 饲养管理因素 饲养密度不仅与猪的发育状况有关，还与猪的肺炎有密切的关系，免疫预防失败、没有进行严格消毒、隔离处理措施不当也极易引发呼吸道疾病。

(4) 气候因素 气候骤变、大风降温、高温高湿、昼夜温差过大等常可诱发呼吸道疾病。

(5) 设施因素 设备不整齐、圈舍墙壁粗糙、栅栏不光滑等，均可造成猪体外伤，病原微生物此时极易侵入机体，通过血液循环进入呼吸系统引发该系统疾病。

（6）应激因素　应激可以导致许多疾病的发生，在秋冬季节，应激对猪呼吸道疾病的影响更为严重，如断水、饥饿、运输、拥挤等应激因素。

二、疾病的感染途径

呼吸道黏膜表面是直接与环境接触的重要部位，对各种微生物、化学毒物和尘埃等有害物质起着重要的防御机能。呼吸器官在生物性、物理性、化学性和机械性等因素的刺激下，以及其他组织器官疾病的影响下，可削弱或降低呼吸道黏膜的屏障防御作用和机体的抵抗能力，导致外源性的病原菌、呼吸道常在病原（内源性）的侵入及大量繁殖，引起呼吸系统的炎症等病理反应，进而造成呼吸系统疾病。

第二节　呼吸困难的诊断思路及鉴别诊断要点

一、诊断思路

呼吸困难是基本临床特征的症候群，因此呼吸困难（呼吸窘迫）是呼吸功能不全的一个重要症状，而客观上表现为呼吸频率、深度、节律和方式的改变。当发现猪群中出现以猪呼吸困难为主要临床表现的病猪时，首先应考虑的是引起呼吸系统（肺源性）的原发性疾病，同时还要考虑引起猪呼吸困难的其他疾病，如败血症、某些中毒病、肾脏疾病、心脏及血液性疾病、寄生虫病等。其诊断思路见表2-1。

表2-1　猪呼吸困难鉴别诊断的思维方法

所在系统	损伤部位或病因	初步印象诊断
呼吸系统	肺炎	猪肺疫、猪传染性胸膜肺炎、猪流行感冒、小叶性肺炎、大叶性肺炎、纤维素性肺炎、化脓性肺炎
	鼻、喉、气管、支气管	猪萎缩性鼻炎、猪巨细胞病毒病、猪气喘病

（续）

所在系统	损伤部位或病因	初步印象诊断
心血管系统	左心功能不全	心源性肺水肿、心肌炎
	贫血	仔猪贫血、铜元素中毒、猪钩端螺旋体病、亚硝酸盐中毒
	血红蛋白携氧能力下降	一氧化碳中毒、亚硝酸盐中毒
神经系统	中暑	重度热应激
	脑炎、脑肿瘤	仔猪伪狂犬病、猪呼吸与繁殖障碍综合征、脑膜脑炎型链球菌病、传染性脑脊髓炎、李氏杆菌病、食盐中毒、脑炎、脑膜脑炎、脑水肿
其他	中毒	酸中毒等
	管理因素	氨刺激、烟刺激、粉尘影响等

二、鉴别诊断要点

引起猪呼吸困难的常见疾病的鉴别诊断要点见表2-2。

表2-2　引起猪呼吸困难的常见疾病的鉴别诊断要点

病名	易感日龄	流行季节	群内传播	发病率	病死率	粪便	耳朵	鼻液	胃肠道	心、肺及气管	其他脏器
猪流行性感冒	各种年龄	晚秋及冬春多发	快	高	低	正常	正常	浆性脓性鼻汁	胃肠道卡他性炎症	呼吸道黏膜充血、肿胀、有大量泡沫液，颈、肺部和纵隔淋巴结增大水肿，肺组织萎缩、病变部位呈紫色	眼流泪并有分泌物，肌肉、关节痛，脾脏轻度肿大，病程3~7天能自行康复。易继发感染导致死亡

（续）

病名	易感日龄	流行季节	群内传播	发病率	病死率	粪便	耳朵	鼻液	胃肠道	心、肺及气管	其他脏器
猪圆环病毒病	15~18周龄	无	较快	不定	不定	偶有腹泻	正常	正常	胃黏膜水肿溃疡，回肠结变薄，盲肠结肠出血	肺脏肿胀、坚硬似橡皮，严重的肺泡有出血斑，有的肺尖叶和心叶萎缩或实质性病变	全身淋巴结肿大，切面硬度增大，可见均匀的白色，有的淋巴结有出血和化脓性病变，肝脏发暗、萎缩，脾脏异常肿大，呈肉样变化，肾脏水肿，呈灰白色，被膜下有时有白色坏死灶
猪传染性胸膜肺炎	6周~5月龄	冬春季多发	慢	高	高	最初腹泻	耳鼻皮肤蓝紫色	口鼻流出血色带泡分泌物	正常	胸膜表面广泛性纤维素沉积，肺充血、出血、水肿。气管支气管大量血色液体和纤维素凝块，病程长，肺有坏死灶或脓肿，胸膜粘连	最初有呕吐腹泻，后期常呈犬坐姿势，张口伸舌，继发关节炎、心内膜炎、脑膜脑炎，不同部位肿胀
猪喘气病	各种年龄	四季可发，冬春多发	较快	高	高	正常	正常	无	正常	肺膨大、水肿、气肿，形成"肉变"区，呈淡灰红色或红色，中后期变深，形成两侧对称的虾肉样变。继发感染时导致肺炎	腹式呼吸，张口呼吸，夜间有哮喘声

（续）

病名	易感日龄	流行季节	群内传播	发病率	病死率	粪便	耳朵	鼻液	胃肠道	心、肺及气管	其他脏器
副猪嗜血杆菌病	5~8周龄	无	较快	低	高	正常	死亡时体表发紫	正常	肠系膜上大纤维素渗出，肠系膜淋巴化不明显	胸膜炎明显，浆液性、纤维素性渗出，肺间质水肿、粘连，心包积液、粗糙增厚，腹腔积液、肺间质水肿，最明显的是心包积液，心包膜增厚，心肌表面有大量纤维素渗出，呈"绒毛心"	腹股沟淋巴结呈大理石状，下颌淋巴结、肝脏边缘出血严重，脾脏有出血，边缘隆起米粒大的血泡，有梗死，肾脏有出血点，皮肤及黏膜发绀，站立困难甚至瘫痪，僵猪或死亡，喉管内有大量黏液，后肢关节切开有胶冻样物
猪肺疫	各种年龄	寒冷季节多发	快	高	高	先便秘后腹泻	正常	有	出血性炎症	肺有不同程度水肿和肝变区，胸膜与病肺粘连，胸腔及心包积液	全身黏膜、浆膜和皮下组织有出血点，喉头出血性水肿，全身淋巴结、脾脏肿胀出血
猪传染性萎缩性鼻炎	2~5月龄猪	无	快	较高	正常	正常	正常	鼻腔流出透明黏液性分泌物	正常	继发肺炎	眼角常流泪，眼眶皮肤形成半月状湿润区，黏附尘土呈黑色（俗称黑斑泪）。病猪常摇头、拱地、摩擦鼻端。

（续）

病名	易感日龄	流行季节	群内传播	发病率	病死率	粪便	耳朵	鼻液	胃肠道	心、肺及气管	其他脏器
猪传染性萎缩性鼻炎	2~5月龄猪	无	快	高	较高	正常	正常	鼻腔流出透明黏液性分泌物	正常	继发肺炎	鼻甲骨萎缩时，鼻缩短或偏向一方，鼻甲骨中隔失去原形或大部分消失，有黏液性和脓性鼻汁
猪链球菌病	哺乳仔猪	一年四季均可，5~11月多发	快	高	低	正常	正常	常伴有浆液性鼻漏	肠壁有胶冻样水肿	急性败血型常见鼻、气管、肺充血、肺炎，病程较长的猪常见有心包炎、纤维素性胸膜炎和腹膜炎，胸腔积液	全身淋巴结肿大、出血、坏死，特别是肠系膜淋巴结肿胀严重。脾脏肿胀，呈暗红色或紫蓝色，少数病例脾脏边缘常有出血性梗死。心内外膜、胃肠、膀胱均有不同程度的出血

第三节 常见疾病的鉴别诊断与防治

一、猪流感

猪流感（swine influenza）是由甲型（A 型）流感病毒引起猪的一种急性传染性呼吸系统疾病。其特征为突发、咳嗽、呼吸困难、发热，可迅速转归。秋末、冬、春季节多发，但全年可传播。该病毒可在猪群中造成暴发。通常情况下人类很少感染猪流感病毒。

【流行特点】

(1) 易感性 各年龄段、性别和品种的猪对本病毒都有易感性。

(2) 传染源 病猪和带毒猪是猪流感的传染源。

(3) 传播途径 病猪从呼吸道排毒，主要经空气中的飞沫和尘埃传播，此外，人员、用具及饲料等也是传播媒介。本病传播迅速，常呈地方性流行或大流行。本病发病率高，死亡率低（4%～10%），患病痊愈后猪带毒6～8周。

(4) 流行季节 本病的流行有明显的季节性，天气多变的秋末、寒冷的冬季和早春易发生。

【临床症状】 本病潜伏期很短，几小时到数天，自然发病时平均为4天。发病初期病猪体温突然升高至40.3～41.5℃，有时高达42℃。厌食或食欲废绝，极度虚弱乃至虚脱，常卧地（见图2-1）。呼吸急促、腹式呼吸、阵发性咳嗽。从眼和鼻流出黏液，鼻分泌物有时带血（见图2-2）。病猪挤卧在一起，难以移动，触摸肌肉僵硬、疼痛，出现膈肌痉挛，呼吸顿挫。如有继发感染，则病势加重。

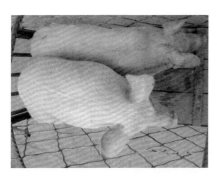

图2-1 精神委顿，因肌肉和关节疼痛，常喜卧不愿起立

图2-2 鼻孔内流出白色黏液性分泌物，有时带血

【病理剖检变化】 猪流感的病理变化主要在呼吸器官。鼻、咽、喉、气管和支气管的黏膜充血、肿胀，表面覆有黏稠的痰液（见图2-3），小支气管和细支气管内充满泡沫样渗出液。肺脏的病变常发生于尖叶、心叶、中间叶、膈叶的背部与基底部，与周围组织有明显的界线，颜色由红至紫、塌陷、坚实，韧度似皮革，常为双侧呈不规则的对称，如为单侧性

则以右侧最常见（见图2-4）。胸腔、心包腔蓄积大量混有纤维素的浆液。心内膜出血（见图2-5）。脾脏肿大。颈部淋巴结、纵隔淋巴结、支气管淋巴结肿大多汁。继发感染时，则发生纤维素性出血性肺炎或肠炎（见图2-6）。

图2-3　气管内有多量黏
　　　稠的痰液

图2-4　肺脏瘀血、出血，颜色由红
　　　到紫，右肺尖叶和心叶严重且实
　　　变。气管黏膜充血、肿胀，内有
　　　多量泡沫性分泌物

图2-5　可看到心内膜出血

图2-6　有些病猪继发感染后呈现
　　　轻度出血性肠炎

【类症鉴别】

　　与猪气喘病的鉴别　猪气喘病的主要临床症状是咳嗽和气喘，病理变化部位主要位于胸腔内。肺脏是病变的主要器官。鉴别要点是，一是临床症状不同，猪气喘病主要表现为干咳、气喘。猪流感主要表现为体温突然升高、极度虚弱、呼吸急促、腹式呼吸、阵发性咳嗽。二是病变部位不同，猪气喘病的病变部位位于胸腔内，肺脏是病变的主要器官。猪流感的病变部位是鼻、咽、喉、气管、支气管、心脏和肺脏。三是传播速度不一样，猪气喘病在新疫区常呈暴发性流行，急性经过，在老疫区常呈慢性经过，症状不明显，发病概率高，且常与猪呼吸与繁殖障碍综合征和圆环病毒病混合感染。猪流行性感冒特征为突然发病，迅速蔓延全群，主要症状为上呼吸道感染，一般多在冬春季节以及气候骤变时发生。

【预防】

1）加强饲养管理。加强饲养管理，提高猪群的营养需求。定时清洁环境，对已患病的猪及时进行隔离治疗。

① 卧床上要勤换干草，并定期用5%的氢氧化钠溶液对猪舍进行消毒。

② 密切注意天气变化，一旦降温，及时取暖保温。

③ 防止易感猪群与已感染猪群接触。人发生 A 型流感时，也不能与猪接触。

2）免疫接种。用猪流感佐剂灭活苗对猪连续接种两次，免疫期可达8 个月。

【临床用药指南】　目前，对猪流感尚无特效治疗药物，但可对症治疗，同时预防继发感染。

1）加强消毒和饲养管理。为了防止人畜共患，饲养管理员和直接接触生猪的人宜做好有效防护措施，注意个人卫生；经常使用肥皂或清水洗手，平时应避免接触流感样症状（发热、咳嗽、流涕等）或患有肺炎的呼吸道病人，尤其在病人咳嗽或打喷嚏之时；避免接触生猪或从前发生过猪病的场所；避免前往人群拥挤的场所；咳嗽或打喷嚏时用纸巾捂住口鼻，然后将纸巾丢到垃圾桶。对死因不明的生猪一律焚烧深埋再做消毒处理。如人不慎感染了猪流感病毒，应立即向上级卫生主管部门报告，接触患病的人群应做相应 7 日医学隔离观察。

2）药物疗法

① 可选用柴胡注射液（小猪每头每次 3～5mL，大猪 5～10mL），或用30% 安乃近 3～5mL（50～60kg 体重），复方氨基比林 5～10mL（50～

60kg 体重），青霉素（或氨苄西林、阿莫西林、先锋霉素等）。

② 对于重症病猪，每头选用青霉素 600 万国际单位 + 链霉素 300 万国际单位 + 安乃近 30mL，再添加适量的地塞米松，一次性肌内注射，每天 2 次。

③ 对严重气喘病猪，需加用对症治疗药物，如平喘药氨茶碱，改善呼吸的尼可刹米，改善精神状况和支持心脏的安钠咖，解热镇痛药复方氨基比林、安乃近等。

3）对食欲降低和轻度感染者，可在饲料中添加土霉素原粉拌料饲喂。治疗过程中使用电解质多维饮水，可促进病猪康复。

二、猪圆环病毒病

猪圆环病毒病（porcine circovirus disease）是由猪圆环病毒（PCV）引起猪的一种新的传染病。圆环病毒能破坏机体的免疫系统，造成继发性免疫缺陷。其主要特征为猪体质下降、消瘦、腹泻、呼吸困难、咳喘、贫血和黄疸等。

【流行特点】

（1）易感性 主要发生在 5 ~ 16 周龄的猪，最常见于 6 ~ 8 周龄的猪。一般于断奶后 2 ~ 3 天或 1 周开始发病，极少感染乳猪。

（2）传染源 病猪和带毒猪是猪圆环病毒病的传染源。

（3）传播途径 病猪可由鼻液、粪便等废物中排出病毒，经口腔、呼吸道途径感染不同年龄的猪，也可经胎盘、精液传播。猪在不同猪群间移动是该病毒的主要传播途径。此外，人员、用具及饲料等也是传播媒介。

（4）流行季节 本病的流行无明显的季节性。

【临床症状】 与圆环病毒 2 型（PCV-2）感染有关的猪病主要有以下 5 种，其临床表现如下。

（1）仔猪断奶后多系统衰竭综合征（PMWS） 病猪表现精神沉郁、食欲下降、发热、行动迟缓、皮肤苍白、被毛蓬乱、呼吸困难、咳嗽为特征的呼吸障碍。体表浅淋巴结肿大，肿胀的淋巴结有时可被触摸到，特别是腹股沟浅淋巴结；贫血，可视黏膜黄疸。较少发现的症状为腹泻和中枢神经系统紊乱。发病率一般很低，而病死率都很高。

（2）猪皮炎-肾病综合征（PDNS） 病猪发热、不食、消瘦、贫血（见图2-7）、可视黏膜苍白、跛行、结膜炎、腹泻等。特征性症状是在会阴部、四肢、胸腹部及耳朵等处的皮肤出现圆形或者不规则形的红紫色斑点或者斑块，有时这些斑块相互融合呈条带状，不易消失（见图2-8、图2-9）。

图2-7 皮炎-肾病综合征：病猪贫血、消瘦、衰弱，起立困难

图2-8 皮炎-肾病综合征：病猪皮肤上出现多量圆形或不规则形的红紫色斑点及斑块

图2-9 皮炎-肾病综合征：病猪耳朵上出现紫斑并脱皮

（3）母猪繁殖障碍 发病母猪主要表现为体温升高达41～42℃，食欲减退，出现流产，产死胎、弱仔、木乃伊胎。病后母猪受胎率低或不孕，断奶前仔猪死亡率上升达11%。

（4）猪间质性肺炎 临床上主要表现为猪呼吸道病综合征（PRDC），多见于保育期和育肥期的猪。咳嗽、流鼻液、呼吸加快，精神沉郁，食欲下降，生长缓慢。

（5）传染性先天性震颤 刚出生不久即发病，病仔猪颤抖由轻微到严重不等，一窝猪中感染的数目也变化较大。严重颤抖的病仔猪常在出生后1周内因不能吮乳而饥饿致死，耐过1周的乳猪能够存活，3周龄时康复。颤抖是两侧性的，乳猪躺卧或睡眠时颤抖停止。外部刺激如突然声响或寒冷等能引发或增强颤抖。有些猪一直不能完全康复，整个生长期和育肥期继续颤抖。

【病理剖检变化】

（1）仔猪断奶后多系统衰竭综合征　尸体贫血消瘦（见图2-10），可见间质性肺炎和黏液脓性支气管炎变化，肺脏肿胀、间质增宽，质地坚硬似橡皮样，其上面散在有大小不等的褐色实变区（间质性肺炎）（见图2-11）。肝脏质地变硬、暗红（见图2-12）。肾脏肿大、呈现灰白色，皮质部有白色病灶（见图2-13）。脾脏轻度肿胀。胃食管区黏膜水肿，有大片溃疡形成。盲肠和结肠黏膜充血、出血。全身淋巴结肿大4～5倍，切面为灰黄色，可见出血，特别是腹股沟、纵隔、肺门和肠系膜与下颌淋巴结病变明显（见图2-14）。如果有继发感染则见胸膜炎，腹膜炎，心包积液，心肌出血，心脏变形、质地柔软。

（2）猪皮炎-肾病综合征　主要是出血性坏死性皮炎和动脉炎，以及肾小球性肾炎和间质性肾炎。主见肾脏明显肿大、苍白，表面覆盖有出血小点（见图2-15、图2-16）。脾脏肿大，有出血点或斑，特别是脾头明显肿胀、出血（见图2-17、图2-18）。肝脏呈现橘黄色外观（见图2-19）。心脏肥大，心包积液（见图2-20）。胸腔和腹腔积液。淋巴结肿大，切面苍白（见图2-21、图2-22）。胃有溃疡。

图2-10　多系统衰竭综合征：病猪尸体贫血、消瘦、脱水

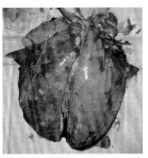

图2-11　多系统衰竭综合征：病猪肺脏肿胀，似橡皮样，其上面散在有大小不等的褐色实变区

图 2-12　多系统衰竭综合征：病
猪肝脏质地变硬、暗红

图 2-13　多系统衰竭综合征：病猪
肾脏肿大，皮质部有白色病灶

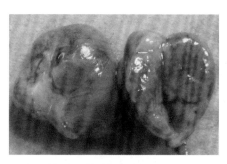

图 2-14　多系统衰竭综合征：病猪下
颌淋巴结髓样肿大，轻度出血

图 2-15　皮炎-肾病综合征：
病猪肾脏肿大，色浅发白

图 2-16　皮炎-肾病
综合征：病猪肾脏
色浅、肿大，表面
覆盖出血小点

图 2-17　皮炎-肾病综合征：病猪脾
脏肿大，有黑红色出血斑

图 2-18 皮炎-肾病综合征：病猪脾头明显肿胀、出血

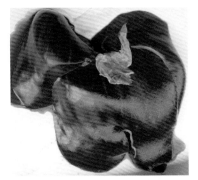

图 2-19 皮炎-肾病综合征：病
猪肝脏轻度肿大，呈现
橘黄色外观

图 2-20 皮炎-肾病综合征：
病猪心脏肥大，心包积有少量
浅黄色液体

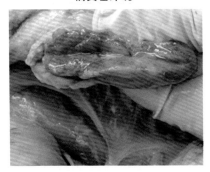

图 2-21 皮炎-肾病综合征：
病猪腹股沟淋巴结髓样肿大，
切面湿润，轻度出血

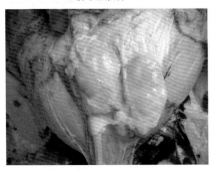

图 2-22 皮炎-肾病综合征：病猪
腹股沟淋巴结明显髓样肿大

(3) 母猪繁殖障碍 可见死胎与木乃伊胎，新生仔猪胸、腹腔积水，心脏扩大、松弛、苍白，有充血性心力衰竭。

(4) 猪间质性肺炎 可见弥漫性间质性肺炎，呈现灰红色，肺细胞增生，肺泡腔内有透明蛋白。细支气管上皮坏死。

【预防】 本病无有效的治疗方法，加上患猪生产性能下降和高死亡率，使得本病尤为重要。而且因为 PCV-2 的持续感染，会使养殖户在经济上遭受更大的损失。抗生素的应用和良好的管理有助于解决并发感染的问题。

1）免疫接种。及时接种猪圆环病毒疫苗。

2）加强饲养管理。Virkon S 消毒剂在 1:250 稀释消毒时能有效杀灭圆环病毒，因此可将其应用于每批猪之间的终端消毒。

① 分娩期：仔猪实行"全进全出"制，两批猪之间要清扫消毒；分娩前要清洗母猪和治疗寄生虫；限制交叉哺乳，如果确实需要也应限制在分娩后 24h 以内。

② 断乳期：猪圈要小，原则上一窝一圈，猪圈分隔坚固；坚持严格的"全进全出"制，并设置与邻舍分割的独立粪尿排出系统；降低饲养密度：大于 $0.33 m^2$/头；增加喂料器空间：大于 7cm/头；改善空气质量：$NH_3 < 10 \times 10^{-6}$，$CO_2 < 0.1\%$，相对湿度 <85%；控制和调整猪舍温度：3 周龄仔猪为 28℃，每周调低 2℃，直至常温；批与批之间不混群。

③ 生长育肥期：猪圈要小，壁式分隔；坚持严格的全进全出、空栏、清洗和消毒制度；从断奶后移出的猪不混群；整个育肥期不再混群；降低饲养密度：大于 $0.75 m^2$/猪；改善空气质量和温度。

④ 其他：制订适宜的免疫接种计划；保育舍要有独立的饮水加药设施；严格的保健措施（断尾、断齿、注射时严格消毒等）；将病猪及早移到治疗室或扑杀。

【临床用药指南】

1）加强消毒和饲养管理。增进饲料质量，补充多种微量元素及维生素，禁止使用发霉变质的饲料。仔猪断奶后 3~4 周是预防猪圆环病毒病的关键时期。因此，最有效的方法和措施是尽可能减少对断奶仔猪的刺激。避免过早断奶和断奶后更换饲料，断奶后要继续饲喂断奶前的饲料至少 10 天。

2）抗生素治疗。用抗生素治疗猪圆环病毒病无太大的效果，仅能减少继发性的细菌感染。

3）对症疗法

① 仔猪用药：哺乳仔猪在 3 日龄、7 日龄、21 日龄各注射 1 次长效土霉素，200mg/mL，每次 0.5mL，或者在 1 日龄、7 日龄和断奶时各注射 1 次速解灵（头孢噻呋，500mg/mL，每次 0.2mL）；断奶前 1 周至断奶后 1 个月，用泰妙菌素（50mg/kg）+ 金霉素或土霉素或多西环素(150mg/kg)拌料饲喂，同时饮用阿莫西林（500 mg/L）。

② 母猪用药：母猪产前 1 周和产后 1 周，在其饲料中添加泰妙菌素（100mg/kg）+ 金霉素或土霉素(300mg/kg)。

③ 选用新型的抗病毒剂如干扰素、白细胞介导素、免疫球蛋白、转移因子等进行治疗，同时配合中草药抗病毒制剂，会取得明显的治疗效果。

三、猪传染性胸膜肺炎

猪传染性胸膜肺炎（porcine infectious pleuropneumonia）是猪的一种呼吸道传染病，病原是胸膜肺炎放线杆菌。临床上以高热、呼吸困难为主要特征，急性型病死率高，慢性型常能耐过。

【流行特点】

（1）易感性 各个年龄猪均易感，但以 3 月龄仔猪最易感。

（2）传染源 病猪和带毒猪是主要传染源。

（3）传播途径 主要传播途径是空气、猪与猪之间的接触、排泄物、污染物或人员传播。猪只的转移或混群、拥挤或恶劣的气候条件（如气温突然改变、潮湿以及通风不畅）均会加速该病的传播和增加发病的危险性。

（4）流行季节 本病的流行有明显的季节性，春、秋季节多发。

【临床症状】 人工感染猪的潜伏期约为 1～7 天或更长。由于动物的年龄、免疫状态、环境因素以及病原的感染数量的差异，临诊上发病猪的病程可分为最急性型、急性型、亚急性型和慢性型。

（1）最急性型 突然发病，病猪体温升高至 41～42℃，心率增加，精神沉郁，废食，出现短期的腹泻和呕吐症状。早期病猪无明显的呼吸道症状；后期心衰，鼻、耳、眼及后躯皮肤发绀；晚期呼吸极度困难，常呆立或呈犬坐式，张口伸舌，咳喘，并有腹式呼吸；临死前体温下降，严重者从口鼻流出血样泡沫状分泌物。病猪于出现临诊症状后 24 ~ 36h 内死亡。有的病例见不到任何临诊症状而突然死亡。此型的病死率高达80% ~ 100%。

（2）急性型 病猪体温升高可达 40.5 ~ 41℃，严重的呼吸困难，咳嗽，心衰。皮肤发红，精神沉郁。由于饲养管理及其他应激条件的差异，病程长短不定，所以在同一猪群中可能会出现病程不同的病猪，如亚急性型或慢性型。

（3）亚急性型和慢性型 多于急性型后期出现。病猪轻度发热或不发热，体温在 39.5 ~ 40℃，精神不振，食欲减退。不同程度的自发性或间歇性咳嗽，呼吸异常，生长迟缓。病程几天至数周不等，或治愈，或当有应激条件出现时，症状加重，猪全身肌肉苍白，心跳加快而突然死亡。

【**病理剖检变化**】 主要病变存在于肺和呼吸道内，肺呈紫红色，肺炎多是双侧性的，并多在肺的心叶、尖叶和膈叶出现病灶，其与正常组织界线分明（见图 2-23）。最急性死亡的病猪气管、支气管中充满泡沫状、血性黏液及黏膜渗出物（见图 2-24），无纤维素性胸膜炎出现。发病24h 以上的病猪，肺炎区出现纤维素性物质附于表面，肺出血、间质增宽、有肝变（见图 2-25）。气管、支气管中充满泡沫状血样渗出物，喉头充满血样液体，肺门淋巴结显著肿大（见图 2-26）。随着病程的发展，纤维素性胸膜炎蔓延至整个肺脏，使肺和胸膜粘连（见图 2-27）。常伴发心包炎（见图 2-28），肝脏、脾脏肿大，色呈暗红色（见图 2-29）。病程较长的慢性病例，可见硬实肺炎区，病灶硬化或坏死。发病后期，病猪的耳、鼻、眼及后躯皮肤出现发绀及紫斑。

（1）最急性型 病死猪剖检可见气管和支气管内充满泡沫状带血的分泌物。肺充血、出血，血管内有纤维素性血栓形成。肺泡与间质水肿。肺的前下部有炎症出现。

（2）急性型 急性期死亡的猪可见到明显的剖检病变。喉头充满血样液体，双侧性肺炎，常在心叶、尖叶和膈叶出现病灶，病灶区呈紫红色，坚实，轮廓清晰，肺间质积留血色胶样液体。随着病程的发展，纤维素性胸膜肺炎蔓延至整个肺脏。

（3）**亚急性型** 肺脏可能出现大的干酪样病灶或空洞，空洞内可见坏死碎屑。如继发细菌感染，则肺炎病灶转变为脓肿，致使肺脏与胸膜发生纤维素性粘连。

（4）**慢性型** 肺脏上可见大小不等的结节（结节常发生于膈叶）（见图2-30），结节周围包裹有较厚的结缔组织，结节有的在肺内部，有的突出于肺表面，并在其上有纤维素附着而与胸壁或心包粘连，或与肺之间粘连。

图 2-23 双侧肺呈暗红色，
心叶、尖叶和膈叶出现病灶，
与正常组织界线分明

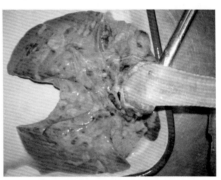

图 2-24 肺膨胀硬肿，
气管内有泡沫状液体

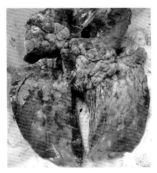

图 2-25 肺出血，间质增
宽，可看到红色肝变区

图 2-26 肺门淋巴结肿大、出血

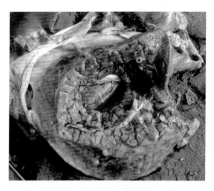

图 2-27 肺与胸膜粘连，
呈现纤维素性胸膜肺炎

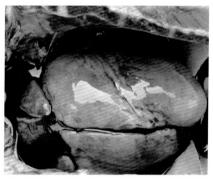

图 2-28 心外膜水肿，并附有
少量纤维素性渗出物

图 2-29 肝脏肿大、瘀血、
出血，呈暗红色

图 2-30 肺脏上可见大小不等
的结节硬块

【类症鉴别】 本病临诊上表现发热、咳嗽、高度呼吸困难等胸膜肺炎症状。剖检病变以双侧纤维素性胸膜肺炎和出血性、坏死性肺炎为特征。急性病例要与猪肺疫、链球菌病相区别，慢性病例应与猪气喘病、副猪嗜血杆菌病相区别。

（1）**与猪肺疫的鉴别** 传染性胸膜肺炎与猪肺疫的症状和肺部病变都相似，也能产生类似胸膜炎的病变，较难区别。仔细观察病变部位也有不同，急性猪肺疫常见咽喉部肿胀、水肿，皮下组织、浆膜以及淋巴结有出血点，肺感染病变多在前下部，而胸膜肺炎的病变往往局限于肺和胸腔，肺部感染部位多在后上部且有局限性的纤维素性胸膜炎。

（2）与猪链球菌病的鉴别　一是易感动物不同。猪链球菌病哺乳仔猪最易感，其次是架子猪，成年猪发病率低；猪传染性胸膜肺炎各个年龄猪均易感，但以3月龄仔猪最易感。二是流行季节不同。猪链球菌病一年四季均可发生，但以5~11月份发生较多；猪传染性胸膜肺炎的流行有明显的季节性，春秋季多发。三是病变部位不同。猪链球菌病急性的常以败血症和脑炎为主，慢性的以多发性关节炎、心内膜炎和淋巴结脓肿为其临床特征；猪传染性胸膜肺炎以双侧纤维素性胸膜肺炎和出血性、坏死性肺炎为特征。

（3）与猪气喘病的鉴别　一是临床症状不同。猪气喘病的体温不高，病程长，一般表现为咳嗽与气喘，不引起死亡；猪传染性胸膜肺炎体温升高、咳嗽、高度呼吸困难。二是病变部位不同。猪气喘病肺部病变对称，呈胰样或肉样病灶，病灶周围无结缔组织包囊；猪传染性胸膜肺炎以双侧纤维素性胸膜肺炎和出血性、坏死性肺炎为特征。

（4）与副猪嗜血杆菌病的鉴别　一是易感动物不同。副猪嗜血杆菌病主要在断奶前后和保育阶段发病，5~8周龄易感；猪传染性胸膜肺炎各个年龄猪均易感，但以3月龄仔猪最易感。二是病变部位不同。副猪嗜血杆菌的发病有多系统性，呈多发性浆膜炎（心包、胸腔和腹腔都有纤维素样物）、多发性关节炎、脑膜脑炎等；猪传染性胸膜肺炎的病变主要在胸腔，以双侧纤维素性胸膜肺炎和出血性、坏死性肺炎为特征。

【预防】

1）加强饲养管理。首先应加强饲养管理，严格卫生消毒措施，注意通风换气，保持舍内空气清新。减少各种应激因素的影响，保持猪群足够均衡的营养水平。

2）加强猪场的生物安全措施。从无病猪场引进公猪或后备母猪，防止引进带菌猪；采用"全进全出"饲养方式，出猪后栏舍彻底清洁消毒，空栏1~2周才重新使用。新引进猪或公猪混入被副猪嗜血杆菌感染的猪群时，应该进行疫苗免疫接种并口服抗菌药物，到达目的地后隔离一段时间再逐渐混入较好。

3）血清学检查。对已污染本病的猪场定期进行血清学检查，清除血清学阳性带菌猪，并制订药物防治计划，逐步建立健康猪群。在混群、疫苗注射或长途运输前1~2天，应投喂敏感的抗菌药物，如在饲料中添加适量的磺胺类药物或泰妙霉素、泰乐菌素、新霉素、林可霉素和大观霉素等抗生素，进行药物预防，可控制猪群发病。

4）疫苗免疫接种。国内外均已有商品化的灭活苗用于本病的免疫接种。一般在5~8周龄时首免，2~3周后二免。母猪在产前4周进行免疫接种。可应用包括国内主要流行菌株和本场分离株制成的灭活苗预防本病，效果更好。

【临床用药指南】　药物防治要早期及时治疗，并注意耐药菌株的出现，要及时更换药物或联合治疗。一般首选药物是青霉素、氟苯尼考和增效磺胺甲基异噁唑（复方新诺明），首次治疗必须选用注射方法，治疗量宜大一点，若结合在饲料和饮水中添加，效果更好。但使用氟苯尼考时间不要过长；内服复方新诺明时应配合等量的碳酸氢钠。还可选用长效土霉素等。还可根据本场的情况选用传染性胸膜肺炎油佐剂灭活菌苗进行预防注射，但疫苗在使用时可能有应激反应，发生此病时最好不要做预防注射，否则可能会促使猪群发病。

1）加强消毒和饲养管理。改善饲养环境，加强栏舍的清洁卫生，适当通风、透光。同时加强饲养管理，保持安静及营养均衡，提高猪群的抵抗力；在环境、气候突变或季节变换时期，应控制饲养密度，搞好栏舍通风和清洁卫生，减少应激因素；长途运输后要加强管理和营养；加强消毒，使用菌毒敌Ⅱ按1∶600的比例稀释，进行带猪消毒，每天1次，连续1周后，改为每周2次；隔离病猪，对有症状表现的仔猪全部隔离治疗。

2）接种疫苗。本病无特效的疫苗，且隐性感染率较高，在引进猪苗或种猪时，应先了解当地的疫情，引进后注意隔离观察和检疫，以防引进带菌猪只。而对经治疗痊愈的病猪，不要再合群，应分开饲养，这样可避免因带菌引起本病在猪群中复发。

3）对症治疗。对假定健康和有症状的猪，在饲料中按600ppm的比例添加盐酸土霉素或新诺明，交替使用，连续拌料饲喂10天；对病猪按10mg/kg体重的用量肌内注射乙基环丙沙星，每天2次，连用4天；针对部分病猪转为慢性病例，在使用上述治疗方案后，转用盐酸土霉素注射液及青霉素，按常规治疗量交替使用，肌内注射治疗 10 天，当病猪症状消失且恢复食欲后再用药 1～2 天；痊愈后的仔猪不再合群饲养，避免带菌引起猪群复发本病。

四、猪气喘病

猪气喘病（swine enzootic pneumonia），又叫猪支原体肺炎，病原为肺炎支原体。本病是猪的一种接触性、慢性呼吸道传染病。其特征是咳嗽和气喘，病变特征是肺尖叶、心叶、中间叶和膈叶前缘呈肉样或胰样实变。

【流行特点】

（1）易感性　各个年龄、性别和品种的猪对本病毒均能感染，其中以哺乳猪和幼猪最易感。母猪和成年猪多呈慢性和隐性感染。

（2）传染源　病猪和带毒猪是猪气喘病的传染源。

（3）传播途径　病猪从呼吸道排毒，病原体随病猪咳嗽、气喘和喷嚏的分泌物排到体外，形成飞沫，经呼吸道感染健康猪。

（4）流行季节　本病具有明显的季节性，以冬春季节多见。

【临床症状】　本病的主要临床症状是咳嗽和气喘。急性型常见新发病猪群，以仔猪、妊娠母猪和哺乳仔猪多发，呼吸困难，呈腹式呼吸，口鼻流沫，严重地发出喘鸣声，体温一般正常，食欲减退或者不食，常因窒息死亡；慢性型多见老疫区的架子猪、育肥猪和后备母猪，干咳、气喘可连续数周，甚至数月，咳嗽以清晨和晚间为甚，运动或进食可加剧，病猪消瘦，生长缓慢（见图 2-31），容易继发巴氏杆菌病，死亡率增加；隐性型一般情况下发育良好，不出现临床症状，或偶见个别猪咳嗽。

图 2-31　病猪消瘦，生长缓慢

【剖检变化】 病变主要局限于肺脏和淋巴结。两侧肺脏的心叶、尖叶和膈叶前下部见有融合性支气管肺炎病变。其特点多为两侧病变对称，与正常肺组织界限明显，病变部呈灰红色或灰黄色，硬度增加，外观似肉样变或胰样变，切面多汁，组织致密（见图2-32、图2-33）。气管和支气管内有多量黏性泡沫样分泌物（见图2-34、图2-35）。病程较长的病例，病变部坚韧度增加，呈灰黄色或灰白色，肺门淋巴结和纵膈淋巴结明显肿大，呈灰白色，切面湿润。

图2-32 肺脏双侧尖叶、心叶出现对称性肉样变，与其他肺组织有明显界限

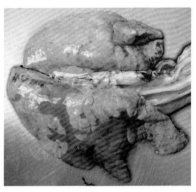

图2-33 左肺尖叶、心叶和膈叶前下部及右肺尖叶均出现胰样变，右肺心叶和膈叶前下部出现肉样变

图2-34 气管内有多量黏液性泡沫样分泌物（黏痰）

图2-35 气管内有多量黏稠的痰液

【类症鉴别】

(1) 与猪传染性胸膜肺炎病的鉴别 一是临床症状不同。猪传染性胸膜肺炎体温高，咳嗽，高度呼吸困难；猪气喘病体温不高，病程长，表现为咳嗽与气喘，一般不引起死亡。二是病变部位不同。猪传染性胸膜肺炎以双侧纤维素性胸膜肺炎和出血性、坏死性肺炎为特征；猪气喘病肺部病变多数对称，呈胰样或肉样病灶，病灶周围无结缔组织包囊。

(2) 与猪瘟的鉴别 两者均表现体温升高、精神沉郁、食欲不振、呼吸困难、步态不稳、皮肤发绀等症状，但还是有区别。一是临床症状不同。猪瘟病猪口渴，有异嗜癖，嗜睡，有的病猪交替出现便秘和下痢，粪便恶臭、带黏液；猪气喘病体温不高，病程长，一般表现为咳嗽与气喘，不引起死亡。二是病理变化不同。猪瘟病猪皮肤上有密集的小出血点或出血斑块，多数病猪有明显的脓性结膜炎，剖检可见全身淋巴结肿大，尤其是肠系膜淋巴结，外表呈暗红色，中间有出血条纹，切面呈红白相间的大理石样外观，扁桃体出血或坏死，胃和小肠呈出血性炎症，在大肠的回盲瓣处黏膜上形成特征性的纽扣状溃疡，肾脏呈土黄色，表面和切面有针尖大的出血点，膀胱黏膜层布满出血点，脾脏不肿大，常于脾脏边缘见到出血性梗死灶，目前药物治疗无效；猪气喘病肺部病变多对称，呈胰样或肉样病灶，药物治疗有效。

(3) 与猪流行性感冒的鉴别 一是临床症状不同。猪流行性感冒的病猪体温高达 41℃ 以上，食欲降低，眼鼻流黏性分泌物，眼结膜红肿。触其肌肉、关节有疼痛感，多急性经过，病程短；猪气喘病的病猪体温不高，病程长，表现咳嗽与气喘，很少引起死亡。二是病变部位不同。猪流行性感冒的病死猪剖检可见肺病变常为双侧呈不规则的对称，如为单侧性则以右侧最常见；猪气喘病的病猪肺部病变多对称，呈胰样或肉样病灶。

【预防】

1）加强消毒和饲养管理。坚持自繁自养，杜绝外来发病猪只的引入。如需引入，一定要严把隔离检疫关（观察期至少为两个月），同时做好相应的消毒管理；保证猪群各阶段的合理营养，避免饲料霉败变质；结合季节变换，要做好小环境的控制，严格控制饲养密度，实行全进全出制度；多种化学消毒剂定期交替消毒；由于猪肺炎支原体可以改变表面抗原而造成免疫逃逸，导致免疫力减弱，因此猪场需配合药物防治，1 个疗程一般

3～5天，特别是妊娠母猪应进行药物拌料净化，其所产仔猪单独饲养，不留种用，条件具备的猪场实行早期隔离断奶，尽可能减少母猪和仔猪的接触时间。

2）疫苗免疫。中国兽药监察所（1985年）研制的猪气喘病兔化弱毒冻干苗和江苏农科院畜牧兽医研究所的168株弱毒菌苗都有较好的免疫效果，可适当选用；兔化弱毒冻干苗对猪安全，即使在阳性场（疫场）使用也未引起疫情加重，免疫期可达8个月以上，攻毒保护率为70.9%。疫苗一定要注入胸腔内，肌内注射无效；注意注射疫苗前15天及注射疫苗后两个月内不许饲喂或注射土霉素、卡那霉素等对疫苗有抑制作用的药物。

【临床用药指南】

1）加强消毒和饲养管理。平时应注意加强饲养管理，饲料要保证足够的营养成分，猪圈要保持清洁、卫生、干燥、通风，勤垫圈，避免阴湿，注意保温，防止冷风侵袭，同时要做好经常性的消毒。严防从外地引进病猪，购买种猪时应做X射线透视或猪气喘病血清学检验。

2）抗生素治疗。抗生素药物中以土霉素、卡那霉素效果较好。盐酸土霉素剂量为：30～40mg/kg·日，用灭菌蒸馏水或0.25%普鲁卡因或4%硼砂溶液稀释后肌内注射，每天1次，连用5～7天为1个疗程。重症者可延长1个疗程；也可用25%土霉素碱油剂局部注射。按猪大小每次1～5mL或40mg/kg·日，于肩背部或颈部两侧深部肌肉分点轮流注射，每隔3天1次，连用5次；兽用卡那霉素注射液（猪喘平注射液）用量为每次10～20mg/kg，1天2次。

3）中草药方剂治疗

[方1] 癞蛤蟆2个，焙干研末，每次5g拌料喂服，连喂15天。

[方2] 鱼腥草25g，水煎，候温灌服，每天1次，3次为1个疗程。

[方3] 龟板30g，焙焦为末，温水冲服。葶苈子30g，研末拌入饲料中喂服。

[方4] 全瓜蒌3个，蜂蜜、桑皮各120g，煎水内服。

[方5] 冰糖、炒杏仁各30g，研为末，分2次拌料内服。

五、副猪嗜血杆菌病

副猪嗜血杆菌病（haemophilus parasuis）是由副猪嗜血杆菌引起猪的

多发性浆膜炎和关节炎,又称为革拉泽氏病。临床症状主要表现为咳嗽、呼吸困难、消瘦、跛行和被毛粗乱。剖检病变主要表现为胸膜炎、心包炎、腹膜炎、关节炎和脑膜脑炎等。

【流行特点】

（1）**易感性** 主要在断奶前后和保育阶段发病,5~8周龄易感。

（2）**传染源** 病猪和带菌猪是本病的传染源。

（3）**传播途径** 该病通过呼吸系统传播。当猪群中存在繁殖呼吸综合征、流感或地方性肺炎病猪的情况下发生,饲养环境差、断水等情况下,该病更容易发生。断奶、转群、混群或长途运输也是常见的诱因。副猪嗜血杆菌病曾一度被认为是由应激所引起的。

（4）**流行季节** 本病的流行无明显的季节性,但在寒冷、潮湿季节多发。

【临床症状】 临床症状取决于炎症部位,包括发热、呼吸困难、关节肿胀、跛行、皮肤及黏膜发绀（见图2-36）、站立困难甚至瘫痪、僵猪或死亡。母猪发病可引起流产,公猪有跛行。哺乳母猪的跛行可能导致母性的极端弱化。濒死期体表发紫,因腹腔内有大量黄色腹水,腹围增大。

图2-36 渐瘦,跛行,体端末梢及腹下皮肤逐渐变紫红

【病理剖检变化】 尸体消瘦,体端末梢及胸腹下呈紫红色,甚至蓝紫色（见图2-37）。胸膜炎明显（包括心包炎和肺炎）,关节炎次之,腹膜炎和脑膜脑炎相对少一些。以浆液性、纤维素性渗出为炎症（严重的豆腐渣样）特征。喉气管内有大量黏液,肺间质水肿,肺与胸膜粘连

（见图2-38）；心包内有多量浑浊积液，心包膜粗糙、增厚（见图2-39），心外膜有大量纤维素性渗出物，好似"绒毛心"（见图2-40、图2-41）；腹腔有浑浊积液（见图2-42、图2-43、图2-44），肠系膜、肠浆膜、腹膜及腹腔内脏上附着有大量纤维素性渗出物（见图2-45），尤其是肝脏可整个被包住，肝脾肿大，常与腹腔粘连（见图2-46、图2-47）；关节肿胀，关节液增多且黏稠而浑浊，特别是后肢关节切开有胶冻样物（见图2-48）；肝脏边缘出血严重；脾脏有出血，边缘可隆起米粒大的血泡且有梗死；腹股沟淋巴结切面呈大理石状（见图2-49），下颌淋巴结出血严重，肠系膜淋巴结变化不明显；肾脏可见出血点，肾乳头有严重出血（见图2-50）。

图2-37　尸体消瘦，体端末梢及胸腹下呈紫红色

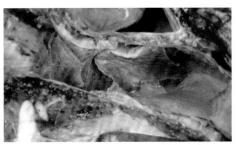

图2-38　肺水肿，肺与胸膜粘连，胸腔内有多量纤维素性渗出物

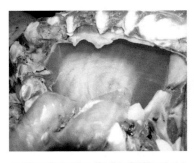

图2-39　心包内有多量浑浊积液

图2-40　心外膜附着有纤维素性渗出物

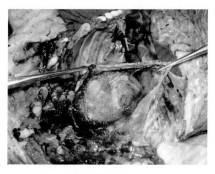

图 2-41 心外膜有大量纤维素
性渗出物，形成"绒毛心"

图 2-42 腹腔有浑浊的积液，呈现
明显的腹膜炎、浆膜炎

图 2-43 腹腔见有浑浊积液，还有心包
炎、胸膜肺炎、腹膜炎及浆膜炎

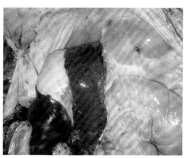

图 2-44 腹腔有浑浊积液，还
有腹膜炎及浆膜炎

图 2-45 肠系膜、肠浆膜、腹膜及腹腔
内脏上附着有大量纤维素性渗出物

图 2-46 肝脏肿大，其被膜
上附有一层纤维素性渗出物

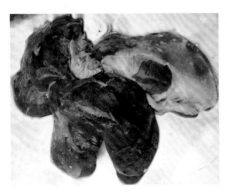

图2-47 肝脏肿大、瘀血，
并附有多量纤维素性渗出物

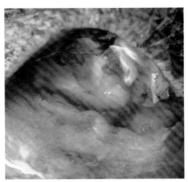

图2-48 关节肿胀，关节
液增多，黏稠而浑浊

图2-49 腹股沟淋巴结肿大、
出血，切面呈大理石状

图2-50 肾脏肿大，可见有数
量不等的出血点

【类症鉴别】

与猪传染性胸膜肺炎的鉴别　一是易感动物不同。猪传染性胸膜肺炎各个年龄猪均易感，但以3月龄仔猪最易感；副猪嗜血杆菌病主要在断奶前后和保育阶段发病，5～8周龄易感。二是病变部位不同。猪传染性胸膜肺炎以双侧纤维素性胸膜肺炎和出血性、坏死性肺炎为特征；副猪嗜血杆菌病属于多系统感染，呈多发性浆膜炎（心包、胸腔和腹腔都有纤维素性渗出物）、多发性关节炎、脑膜脑炎等。

【预防】

1）严格消毒。彻底清理猪舍卫生，用2%氢氧化钠水溶液喷洒猪圈地面和墙壁，2h后用清水冲净，再用复合碘喷雾消毒，连续喷雾消毒 4~5 天。

2）加强管理。消除诱因，加强饲养管理与环境消毒，减少各种应激。于疾病流行期间有条件的猪场，在仔猪断奶时可暂不混群，对混群的一定要严格把关，把病猪集中隔离在同一猪舍，对断奶后保育猪"分级饲养"。注意温差的变化及保温；猪群断奶、转群、混群或运输前后可在饮水中加一些抗应激的药物，如电解质加维生素 C 粉饮水 5~7 天，以增强机体抵抗力，减少应激反应。

3）免疫接种。母猪和仔猪即使都进行接种，也不能完全避免感染。用自家苗（最好是能分离到该菌，增殖、灭活后加入该苗中）、副猪嗜血杆菌多价灭活苗能取得较好效果。种猪用副猪嗜血杆菌多价灭活苗免疫能有效保护小猪早期不发病，降低复发的可能性。母猪初免在产前 40 天，二免在产前 20 天。经免母猪产前 30 天免疫 1 次即可。受本病严重威胁的猪场，小猪也要进行免疫，根据猪场发病日龄推断免疫时间，仔猪免疫一般安排在 7~30 日龄内进行，每次 1mL，最好一免后过 15 天再重复免疫 1 次，二免距发病时间要有 10 天以上的间隔。

【临床用药指南】 隔离病猪，用敏感的抗生素进行治疗，口服抗生素进行全群性药物预防。为控制本病的发生发展和耐药菌株的出现，应进行药敏试验，科学使用抗生素。副猪嗜血杆菌病应早预防、早发现、早确诊、早隔离、早治疗，这对控制和治疗本病是很关键的。

1）抗生素治疗。该病严重暴发后，抗生素饮水可能无效。一旦出现临床症状，应立即采取抗生素拌料的方式对整个猪群治疗，对发病猪大剂量肌内注射抗生素。大多数血清型的副猪嗜血杆菌对氟苯尼考、替米考星、林可霉素、头孢菌素、庆大霉素、大观霉素、磺胺及喹诺酮类等药物敏感，对四环素和氨基苷类有一定抵抗力；在应用抗生素治疗的同时，口服纤维素溶解酶，可快速清除纤维素性渗出物，缓解症状，控制猪群死亡率。

2）对症治疗

① 硫酸卡那霉素注射液，肌内注射，0.1~0.2mg/kg 体重，每天 2 次，连用 3~5 天。

② 30% 氟苯尼考注射液肌内注射，0.1~0.15mL/kg 体重，连用 3~5 天。

③ 复方新诺明注射液，肌内注射，0.1~0.15mL/kg 体重，连用 5~7 天。

④ 猪群口服土霉素，30mg/kg体重，连服3～5天。

3）辅助治疗。饲料中添加增强免疫力的药物，可提高预防和治疗的效果，如维生素C、黄芪多糖、左旋咪唑、牛磺酸等。

六、猪肺疫

猪肺疫（swine plague）亦称巴氏杆菌病，它是由多杀性巴氏杆菌引起的传染病，俗称"锁喉风"。其特征是：最急性型呈败血症变化，咽喉及周围组织急性肿胀，高度呼吸困难；急性型呈纤维素性胸膜肺炎症状；慢性型肺组织发生肝变。

【流行特点】

（1）易感性 各种年龄、性别和品种的猪对本病原都有易感性。

（2）传染源 本病原是猪呼吸道常在菌，但病猪仍是主要传染源。

（3）传播途径 病猪从呼吸道、消化道及损伤的皮肤感染，猪因过劳、受寒、感冒、饲养不当、妊娠等均可使机体抵抗力降低，而发生内源性感染。

（4）流行季节 本病的流行无明显的季节性，但气候多变时易发。

【临床症状】

（1）最急性败血型 高度呼吸困难，俗称"锁喉风"，呈犬坐姿势（见图2-51），常突然死亡。大多数病猪体温升高至41℃以上。食欲废绝，咽喉部红肿，热而硬，有痛感。呼吸高度困难，口鼻常流出泡沫样液体。临死前，耳根、颈部及下腹部等处变成蓝紫色，有时呈现出血斑点，常因窒息而死亡，病程1～2天。

谷风柱　等摄

图2-51　高度呼吸困难，呈犬坐姿势

（2）急性型 病例呈现胸膜肺炎症状，病初体温升高。常发生痉挛性干咳，有鼻液和脓性眼眵。初始便秘后腹泻，后期常见皮肤上出现紫斑或者小出血点。最后，心力衰竭而死。病程 4～6 天。

（3）**慢性型**　多见于流行后期，病猪呈现持续性咳嗽，呼吸困难；体温时高时低；有时出现痂样湿疹，关节肿胀；食欲减退，逐渐消瘦，最后发生腹泻，以致衰竭而亡。病程 2 周左右。

【病理剖检变化】

（1）**最急性败血型**　常见皮肤、浆膜、黏膜有大量的出血点，切开咽喉部可见皮下组织有大量胶冻样浅黄色的水肿液。全身淋巴结肿大，切面呈一致红色。肺充血、水肿，可见红色肝变区，气管、支气管内充满泡沫状液体。脾脏有出血但不肿大。胃肠黏膜出血性炎症。

（2）**急性型**　败血症变化较轻，常见胸腔积液，纤维素性肺炎（见图 2-52），肺可见大小不等的红色或灰色相间的肝变区（见图 2-53、图 2-54），肺小叶间质增宽，充满胶冻样液体。胸腔有黄白色纤维素性沉着，胸膜肥厚，常常与病肺粘连。

图 2-52　肺的纤维素性坏死性肺炎，胸腔内有黄红色浑浊液体

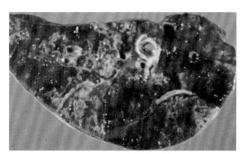

图 2-53　肺切面显示肺充血水肿期和红色肝变期

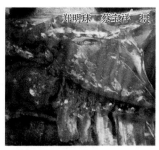

图 2-54　病的后期，在肺肝变区内有坏死灶，切面呈大理石外观

（3）**慢性型**　肺组织除有肝变外，并见有大块坏死灶和化脓灶，胸

膜粘连。

【类症鉴别】

与猪传染性胸膜肺炎的鉴别 两者的症状和肺部病变都相似，都能产生类似胸膜炎的病变，较难区别。仔细观察病变部位也有不同，急性猪肺疫常见咽喉部肿胀，皮肤皮下组织、浆膜以及淋巴结有出血点，肺感染病变多在前下部，而胸膜肺炎的病变往往局限于肺和胸腔，肺部感染部位多在后上部且有局限性的纤维素性胸膜炎。

【预防】

1）免疫接种。进行预防接种是预防本病的重要措施，每年定期进行有计划的免疫注射。每年春秋两季定期用猪肺疫氢氧化铝甲醛菌苗或猪肺疫口服弱毒菌苗进行两次免疫接种；也可选用猪丹毒、猪肺疫氢氧化铝二联苗和猪瘟、猪丹毒、猪肺疫弱毒三联苗。接种疫苗前几天和后 7 天内，禁用抗菌药物。目前生产的猪肺疫菌苗有猪肺疫灭活菌苗、猪肺疫内蒙系弱毒菌苗、猪肺疫 EO-630 活菌苗、猪肺疫 TA53 活菌苗、猪肺疫 C20 活菌苗五种，使用、保存和注意事项按说明书。

2）改善饲养管理。采用全进全出制的生产程序；封闭式饲养，减少从外面引进猪只；减少猪群的密度等措施可能对控制本病会有所帮助。新引进猪隔离观察 1 个月后，如果健康方可合群。在条件允许的情况下，提倡早期断奶。

3）药物预防。对常发病猪场，要在饲料中添加抗菌药进行预防。根据本病传播特点，防治时首先应增强机体的抗病力。

【临床用药指南】

1）加强消毒和饲养管理。加强饲养管理，消除可能降低抗病能力因素和致病诱因，如圈舍拥挤、通风采光差、潮湿、受寒等。圈舍、环境定期消毒。发生本病时，应将病猪隔离治疗，严格消毒。

2）紧急接种。同栏的猪，用血清或疫苗紧急预防。对散发病猪应隔离治疗，消毒猪舍。最急性病例由于发病急，常来不及治疗，病猪已死亡，死亡后应做无害化处理。

3）抗生素治疗。青霉素、链霉素和四环素族抗生素对猪肺疫都有一定疗效。抗生素与磺胺类药物合用，如四环素＋磺胺二甲嘧啶，泰乐菌素＋磺胺二甲嘧啶则疗效更佳。914（新胂凡纳明）对本病也有一定疗效，一般急性病例注射 1 次即可，如有必要可隔 2～3 天重复用药 1 次。在治疗上特别要强调的是，本菌极易产生抗药性，因此有条件的应做药敏试验，选择敏感药物治疗。

七、猪传染性萎缩性鼻炎

传染性萎缩性鼻炎（swine infectious atrophic rhinitis）是一种慢性呼吸道传染病。病原是支气管败血波氏杆菌。其特征为鼻炎，颜面部变形，鼻甲骨尤其是鼻甲骨下卷曲并发生萎缩，生长迟缓。临诊症状表现为打喷嚏、流鼻血、颜面变形、鼻部歪斜和生长迟滞，猪的饲料转化率降低，给集约化养猪业造成巨大的经济损失。同时，由于病原感染猪只后，损害呼吸道的正常结构和功能，使猪体抵抗力降低，极易感染其他病原，引起呼吸系统综合征，增加猪的死淘率。

【流行特点】

（1）**易感性**　各种年龄、性别和品种的猪均可感染，2～5 月龄的猪最易感。

（2）**传染源**　病猪和带菌猪是本病的传染源。

（3）**传播途径**　病菌存在于上呼吸道，主要通过飞沫传播，经呼吸道感染。本病的发生多是由于有病的母猪或带菌猪传染给仔猪的。不同月龄猪只混群，再通过水平传播，扩大到全群。昆虫、污染物品及饲养管理人员，在传播上也起一定作用。

（4）**流行季节**　本病的流行有明显的季节性，天气多变的秋末、早春和寒冷的冬季易发生。

【临床症状】　打喷嚏，鼻腔分泌胶冻样黏液，常出现摇头、拱地、擦鼻等症状，2 月龄内仔猪最明显，4 月龄仔猪感染多引起鼻甲骨严重萎缩，鼻端歪向一侧（见图 2-55），有的病猪一侧鼻孔流血（见图 2-56）。患猪眼角常常出现"泪斑"（见图 2-57）。大猪感染后多成为带菌者，症状轻微。

图 2-55　鼻端歪向左侧

图 2-56　鼻甲骨一侧鼻孔出血　　　　　图 2-57　鼻梁弯曲，脸部上撅，
　　　　　　　　　　　　　　　　　　　　　　　　　　眼角出现"泪斑"

【病理剖检变化】　病变局限于鼻腔及邻近组织，可在上颌第一、第二对前臼齿连接处与下颌垂直方向锯断鼻梁，观察鼻腔内及鼻甲骨的形状与变化，最具特征性病变的鼻腔软骨和鼻甲骨软化、萎缩甚至消失，鼻中隔发生弯曲（见图 2-58、图 2-59）。

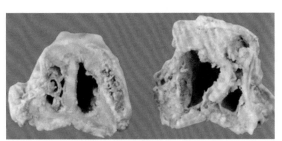

图 2-58　鼻甲骨消失鼻腔　　　　　　　图 2-59　第一、第二
变成一个鼻道，鼻中隔弯曲　　　　　　　臼齿横断面，右侧鼻
　　　　　　　　　　　　　　　　　　　　甲骨萎缩

【预防】　本病的感染途径主要是由哺乳期的带菌母猪，通过呼吸和飞沫传染给仔猪，使仔猪受到传染。病仔猪串圈或混群时，又可传染给其他仔猪，传播范围逐渐扩大。若作为种猪，又通过引种传到另外猪场。因此，要想有效控制本病，必须执行一套综合性的生物安全措施。

1）加强饲养管理。断奶培育及肥育均应采取全进全出；降低饲养密度，防止拥挤；改善通风条件，减少空气中有害气体；保持猪舍清洁、干燥、防寒保暖；防止各种应激因素的发生；做好清洁卫生工作，严格执行卫生消毒防疫制度。这些都是防止和减少发病的基本办法，应予以重视。

2）免疫接种。用支气管败血波氏杆菌（Ⅰ相菌）灭活菌苗和支气管败血波氏杆菌及D型产毒素型巴氏杆菌灭活二联苗，在母猪产仔前2个月及1个月接种，通过母源抗体保护仔猪几周内不感染。也可以给1~3周龄仔猪免疫接种，间隔1周进行二免。

3）淘汰病猪。更新猪群，将有临床症状的猪全部淘汰育肥，不能留作种用，以减少传染机会。但有的病猪外表病状不明显，检出率很低，所以这不是彻底根除病猪的方法。比较彻底的措施，是将出现过病猪的猪群，全部育肥淘汰，不留后患。

4）隔离饲养。凡曾与病猪或可疑病猪接触过的猪只，隔离观察3~6个月；母猪所产仔猪，不与其他猪只接触；仔猪断奶后仍隔离饲养1~2个月；再从仔猪群中挑选无病状的仔猪留作种用，以不断培育新的健康猪群。发现病猪立即淘汰。这种方法在我国还较适用，但也要下功夫才能做到。

【临床用药指南】

1）预防用药。哺乳仔猪从15日龄能吃食的时候开始，每天可喂给20~30mg/kg体重金霉素或土霉素，连续喂20天，有一定效果。或在母猪分娩前3~4周至产后2周，每吨饲料中加入100~125g磺胺二甲基嘧啶和磺胺噻唑，或每吨饲料中加入土毒素400g喂服。

2）对症治疗。每吨饲料加入磺胺甲氧嗪100g或金霉素100g，或加入磺胺二甲基嘧啶100g、金霉素100g、青霉素50g 3种混合剂，连续喂猪3~4周，对消除病菌、减轻症状及增加猪的体重均有好处；对早期有鼻炎症状的病猪，定期向鼻腔内注入卢戈氏液、1%~2%硼酸液、0.1%高锰酸钾液，尤其冲洗流鼻血的病猪鼻腔。

3）抗生素治疗。颈部肌内注射：先用清开灵（10mL）稀释阿莫西林（1g），再配上盐酸林可霉素注射液（10mL）。拌料：磺胺间甲氧嘧啶500g、TMP（甲氧苄啶）100g、黄芪多糖1000g、葡萄糖3000g，拌入1000kg饲料中。

八、猪链球菌病

猪链球菌病（swine streptococcal diseases）是由致病性链球菌的多个血清型感染而引起的，血清型一般分为3个型：β-溶血性链球菌，致病性强；α-溶血性草绿色链球菌，致病力弱，引起局部脓肿；不溶血的链球菌，一般无致病性。急性型常以败血症和脑炎为主，慢性型以多发性关节炎、心内膜炎和淋巴结脓肿为其临床特征。还可发生肺炎、乳腺炎、子宫内膜炎及流产、死胎等多种病症。

【流行特点】

（1）易感性 哺乳仔猪最易感，其次是架子猪，成年猪发病率低。

（2）传染源 病猪和带菌猪是本病的传染源。

（3）传播途径 病菌可以通过尿液、血液及分泌物等排出体外，经呼吸道及皮肤损伤处感染，初生仔猪可由脐带感染。

（4）流行季节 一年四季均可发生，但以5~11月份发生较多。

【临床症状】

（1）败血症型 个别猪突然死亡。大多数病猪体温升高至41℃以上，食欲减退或废绝。眼结膜潮红，常伴有浆液性鼻漏和呼吸困难。后期皮下呈红紫色或紫红色斑块，以耳、颌下、腹下、四肢较常见（见图2-60）。

图2-60　耳、颈下、胸腹
下皮肤呈现暗红色

（2）脑膜脑炎型 病猪常出现共济失调、转圈、磨牙、空嚼、昏睡、卧地时四肢摆动、头向后仰等神经症状。

（3）关节炎和心内膜炎型 病猪出现多发性关节炎，表现一肢或多肢关节肿、跛行，严重时站立不起（见图2-61、图2-62）。

以上三型常混合存在，病症可先后出现，很少单独发生。

图 2-61　跗关节出现脓肿，
引起病猪跛行

图 2-62　肘关节周围
出现大的脓肿

（4）化脓性淋巴结炎型　病猪颌下、咽部和颈部淋巴结肿胀、坚硬，有热痛感，严重时可影响采食，并造成呼吸困难，甚至形成脓肿，当化脓成熟后，自行破溃，全身症状也明显好转。

【病理剖检变化】

（1）急性败血型　常见鼻和气管及支气管内有泡沫性液体，甚至带有血液（见图 2-63、图 2-64）。肺肿胀，呈暗红色，间质水肿，肺表面散在有不规则的出血点或出血斑（见图 2-65）。全身淋巴结肿大出血、坏死，特别是肠系膜淋巴结肿胀严重（见图 2-66），个别下颌淋巴结化脓。部分病猪在颈、背、皮下、肺、胃壁、肠系膜及胆囊壁等处常见有胶冻样水肿。整个胃黏膜充血潮红（见图 2-67），甚至出血呈暗红色。脾脏肿胀，呈暗红色或蓝紫色，少数病例脾脏边缘常有出血性梗死（见图 2-68、图 2-69）。心内外膜、胃肠、膀胱均有不同程度的出血（见图 2-70）。病程较长的猪常见有心包炎、纤维素性胸膜炎和腹膜炎，心包腔、胸腔和腹腔内常见有稍浑浊呈浅红色的渗出液（见图 2-71、图 2-72、图 2-73）。

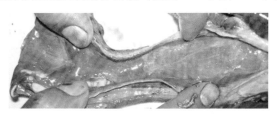

图 2-63　气管黏膜出血，内含有黏液性分泌物

图 2-64　气管内含多量带有血样
泡沫状的黏液性分泌物

图 2-65　肺肿胀呈暗红色，
间质水肿，肺表面散在有
不规则的出血点或出血斑

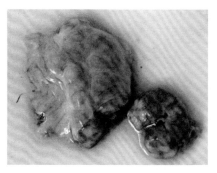

图 2-66　肠系膜淋巴结肿胀、出血

图 2-67　几乎整个胃黏膜充
血潮红，且有出血

图 2-68　脾脏肿胀，呈暗红色
甚至蓝紫色

图 2-69　脾脏肿胀，常见有
出血性梗死

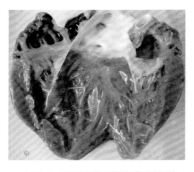

图 2-70　心内膜可见不同程度
的出血

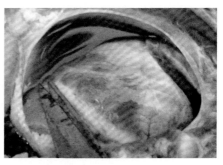

图 2-71　心包内积有浅红色液体

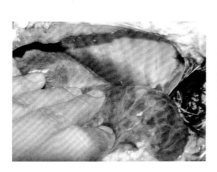

图 2-72　胸腔内积有稍浑浊呈浅
红色的渗出液

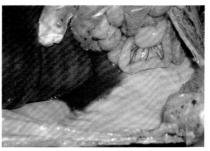

图 2-73　腹腔内积有稍浑浊
呈浅红色的渗出液

（2）**脑膜脑炎型**　出现脑膜脑炎时，常见脑膜充血、出血、脑脊髓的白质和灰质有出血点。

（3）**慢性关节炎型**　在肿胀的关节囊内见有黄色胶冻样液体或纤维素性物质，严重时周围组织化脓（见图 2-74）。

【类症鉴别】

（1）**与猪丹毒的鉴别**　二者均出现精神萎靡、食欲废绝、结膜潮红、关节肿痛、严重跛行等症状。最急型，突然倒地，急性死亡。但猪丹毒病猪皮肤有方形、菱形等疹块，颜色呈红色或紫红色。而链球菌病，耳、颈下、胸腹下皮肤呈紫红色。

图2-74　肩关节周围及胸前出现化脓包

（2）与猪瘟的鉴别　二者均出现精神萎靡，食欲减退，后肢乏力，皮肤红斑。剖检脾脏均发现出血性梗死。但二者也有明显不同，猪瘟常卧地不起，公猪阴鞘积尿且浑浊恶臭，皮肤常有点状出血；剖检可见肾脏贫血且有多量出血点。而链球菌病无上述变化，且有体腔积液的变化。

（3）与猪弓形虫病的鉴别　二者四季皆发，均出现精神沉郁、结膜潮红、流鼻液、高热废食、皮肤均有不同程度的红斑。而猪弓形虫病可见严重的咳嗽气喘，逐渐消瘦，后肢麻痹；剖检可见肺脏瘀血、出血、水肿，间质严重水肿且明显增宽；病料涂片或压片，用姬姆萨或瑞氏染色可见半月形的弓形虫。而链球菌病体表可出现化脓包、关节炎，急性败血型有的可见鼻孔处有血样泡沫性液体。

【预防】

1）加强饲养管理。加强通风换气，每栏宜养6～8头猪。加强卫生，尿粪分离，栏杆清洁。若免疫不及时或免疫失败发生链球菌病时，同群健康猪应立即接种链球菌病疫苗，实行紧急预防，全场坚持每周1次大消毒，减少病原菌的存有量。

2）改善营养状况。定期在饲料或饮水中添加营养物质如多维素、微量元素、多糖类物质等，以增强猪只的免疫力，并能减少应激。

3）切断传播途径。提倡在处理猪肉或猪肉加工过程中戴手套以预防猪链球菌感染，对疫点和疫区做好消毒工作，对猪舍的地面、墙壁、门窗、门拉手等，可用含 1% 有效氯的消毒液或 0.5% 过氧乙酸喷洒或擦拭消毒，对病死猪所处的环境进行严格消毒处理。

4）免疫接种。引入种猪时，首先在隔离场饲养 45 天，经观察、检测确认该猪无病后回本场饲养。回场后在场区隔离场再饲养 45 天。实行仔猪早期免疫技术，即 3~5 日龄口服 4 头份猪链球菌病疫苗进行首次免疫，50~60 日龄肌内注射 2 头份进行加强免疫，以防止免疫失败；免疫预防疫区（场）在 60 日龄首次免疫接种猪链球菌病氢氧化铝胶苗，以后每年春秋各免疫 1 次，不论大小猪一律肌内注射或皮下注射 5mL，浓缩菌苗注射 3mL，注射后 21 天产生免疫力，免疫期约 6 个月。猪链球菌弱毒菌苗，每头猪肌肉或皮下注射 1mL，14 天产生免疫力，免疫期 6 个月。猪场发生本病后，如果暂时买不到菌苗，可用药物预防以防止本病的发生。每吨饲料中加入四环素 125g，连喂 4~6 周。

【临床用药指南】

1）加强消毒和饲养管理。发病后全场立即进行普查，隔离病猪，减少传播；对有脓肿、后肢麻痹、瘫痪的病猪予以淘汰，实行独立防疫体系，可避免人员相互流动和生猪相互接触传播。

2）对症治疗。将病猪隔离，按不同病型进行相应治疗。对淋巴结脓肿的病猪，待脓肿成熟变软后及时切开排除脓汁，用 3% 过氧化氢或 0.1% 高锰酸钾溶液冲洗后，涂以碘酊，配合注射青霉素等抗菌药物，短期内避免用水冲洗，以防传染。5% 葡萄糖溶液 500mL、维生素 C 注射液 10mL，静脉注射，每天 2 次，连用 2 天。对出现跛行症状的猪，可配合使用镇痛药物及关节腔内注射治疗；对出现高热的病猪，应配合使用解热镇痛药物。

3）抗生素治疗。对败血症型或脑膜脑炎型，应早期大剂量使用抗生素或磺胺类药物。青霉素每头每次 40~100 万单位，每天肌内注射 2~4 次；庆大霉素 1~2mg/kg 体重，每日肌内注射 2 次；也可用乙酰环丙沙星治疗，2.5~10mg/kg 体重，每隔 12h 注射 1 次，连用 3 天，能迅速改善症状，疗效明显优于青霉素。

第三章

生殖泌尿系统疾病的鉴别诊断与防治

生殖泌尿系统疾病的发生因素及感染途径

一、疾病发生的因素

目前引起猪群繁殖障碍的病因分为传染性和非传染性两类。传染性繁殖障碍主要是由传染性因素，如细菌、病毒等引起，病毒性因素是目前引起猪群繁殖障碍的主要病因。非传染性障碍主要为机能障碍、生殖器官畸形和饲养管理等因素所造成。临床上常见为多种因素、多种病原引起的混合感染。盲目引种和免疫程序不合理是引起猪群繁殖障碍综合征的两大技术性因素。

二、疾病的感染途径

引起母猪泌尿系统感染的原因很多：猪的品种会对母猪生殖道发育产生细微影响；此外，饲养管理不善、营养缺乏、饲料品种单一、畜体衰弱、精料过多或运动不足、圈舍阴暗潮湿等也容易造成泌尿系统感染。从年龄来说，老龄母猪更容易患病。圈舍环境也是影响因素之一。不少限位栏不能保持环境的清洁，母猪后躯被粪尿污染情况严重，母猪尿路短，如果不注意后躯卫生，易形成泌尿系统的上行性感染；加之饮水器流量小，母猪饮水量小，缺乏运动，从而降低了尿液对尿路的机械性冲洗作用。另外，分娩使母猪患病的危险增加。泌尿系统感染在泌乳母猪比妊娠母猪更常见。

在欧洲，一些细菌如埃希氏大肠杆菌属、链球菌、葡萄球菌和化脓放线菌被认为可引起膀胱炎和肾盂肾炎。自20世纪80年代以来，放线菌在全世界被广泛关注并被认为是引起泌尿系统疾病的主要原因。

生殖泌尿系统疾病的诊断思路及鉴别诊断要点

一、诊断思路

泌尿系统感染的诊断主要依据是死亡母猪的尸检和实验室对病菌的确认。尸检可为感染严重的猪只提供有用信息，但一般很少进行尸检，所以泌尿系统感染经常被忽略。通过目测尿流量有助于分析病因。尿样容易收集，也不会造成任何伤害。收集尿样的最佳时间是在早晨第一次饲喂前后。大多数情况下，中等流量的尿样最容易收集，也便于分析。在妊娠晚期，尿样亚硝酸盐阳性率更高。

采用折射计、测尿棒和 pH 计进行尿样分析，相对比较直观。另外，还可以通过检测尿沉淀获得更多信息。如采用标准的沉淀物对比检测红细胞、白细胞、上皮细胞、结晶、细菌和零星脱落物等。膀胱炎早期细菌大量存在，如果炎症严重的话，尿液还会发生其他变化。当然，一次阳性结果不能说明问题，需要多次重复试验才能得出可靠结果。有时稀释尿样（相对密度低于 1.010）会引起错误的阴性结果。总体来说，要注意尿样检测的局限性。

在所有泌尿系统感染病症中，无症状菌尿症可能是最难诊断的。按照 Fairbrother，如果每毫升尿液含 105CFU（菌落形成单位），则意味着母猪被感染，尿液常规检查表明大约有 13% ~ 20% 的样品带菌。有人建议用测试纸对尿液进行测试可更有效地鉴别出带菌样品，而尿液培养物对氮和其他尿液成分并不显阳性，有时会引起对结果的误判。重要的是，有时带菌尿液并不表明母猪患膀胱炎和肾盂肾炎。所以，为了保证诊断的准确性，应该在不同时间对同一头母猪采取两份或者更多样品进行检测。事实上，母猪围产期感染病菌的风险更高，从这个时期的尿液培养基分离出包括埃希氏菌属、链球菌、葡萄状球菌和放线菌等细菌。一旦母猪断奶配种进入妊娠期，泌尿系统感染会不经过任何治疗而痊愈。建议中断泌乳，从而减少母猪因产奶对水的需求，同时增加运动和自由饮水，可加快泌尿系统感染的痊愈。

二、鉴别诊断要点

生殖泌尿系统疾病的鉴别诊断要点见表3-1。

表3-1　生殖泌尿系统疾病的鉴别诊断要点

病　因	病母猪临诊症状	胎儿年龄	胎儿和胎盘病变	诊　断
病　毒				
猪瘟	嗜睡，厌食，发热，结膜炎，呕吐，呼吸困难，红斑，发绀，腹泻，共济失调，抽搐	胎儿常死在妊娠中后期不同的发育阶段	木乃伊胎，死胎，水肿，腹水，头和肢畸形，肺小点出血和小脑发育不全，肝坏死	胎儿组织切片荧光抗体法，取扁桃体组织
猪细小病毒感染	无		重吸收（窝的头数少），产木乃伊胎（常见）、死胎或弱猪，分解的叶盘紧裹着胎儿	病毒分离
猪伪狂犬病	由轻到重表现为喷嚏，咳，厌食，便秘，流涎，呕吐，中枢神经系统症状	胎儿常死在妊娠期不同的发育阶段	肝局灶坏死，产木乃伊胎、死胎，重吸收（窝的头数少），坏死性胎盘少	从母猪采集双份血清样品
猪乙型脑炎	无		与细小病毒相似，有脑积水，皮下水肿，胸腔积液，小点出血，腹水，肝脾坏死灶	胎儿荧光抗体试验
猪呼吸与繁殖障碍综合征	一过性耳朵发紫，有呼吸困难的症状	最常见于妊娠后期的相同胎龄	死胎、木乃伊胎，或者产下弱胎、畸形胎	血清学鉴定或病毒分离

（续）

病　因	病母猪临诊症状	胎儿年龄	胎儿和胎盘病变	诊　断
细菌				
猪布氏杆菌病	少见症状，妊娠的任何时候都会流产	所有胎儿同时感染，并在相同胎龄时死亡，可发生于任何胎龄	可能自溶或外观较正常，皮下水肿，腹腔积液或出血，化脓性胎盘炎	从胎儿培养细菌、群血清检查阳性、母猪双份血清
寄生虫				
猪附红细胞体病	发热疾病的其他症状，因特定的病原而不同	发生于同一胎龄或任何胎龄	常无	病史和临诊症状
猪弓形虫病	无	发生于任何胎龄	流产，死胎，新生儿虚弱，木乃伊胎少见	组织病理学
营养因素				
猪维生素 A 缺乏症	无	胎龄可能不同，都为同一胎龄	死胎或弱胎，无眼、腭裂、小眼畸形、失明、全身水肿	病史，证明眼异常
猪维生素 E 缺乏症	母猪卵巢萎缩、性周期异常、生殖系统发育异常、不发情、不排卵、不受孕	发生于妊娠早期	胚胎死亡、流产	病史或进行饲料分析
猪硒缺乏症	无	出生后2月龄间哺乳仔猪	骨骼肌苍白色，呈煮肉或鱼肉样外观，桑葚心，槟榔肝	病史和临诊症状，或进行饲料分析

第三节 常见疾病的鉴别诊断与防治

一、猪瘟

猪瘟（classical swine fever，CSF），俗称"烂肠瘟"，是一种具有高度传染性的疫病，是威胁养猪业的主要传染病之一。本病是由黄病毒科猪瘟病毒属的猪瘟病毒引起的一种急性、发热、接触性传染病。具有高度传染性和致死性。其特征是：急性型呈败血性变化，实质器官出血、坏死和梗死；慢性型呈纤维素性坏死性肠炎，后期常继发副伤寒及巴氏杆菌病。

【流行特点】

（1）传染源 病猪是本病的主要传染源，通过其粪便、尿液及各种分泌物向外界排出病毒。

（2）传播方式 自然传染主要通过污染的饲料和饮水；人和其他动物也能机械地传播病毒。经实验证明扁桃体和呼吸道是其感染门户。

（3）易感性 本病仅发生于猪，野猪也易感，其他动物有抵抗力。

（4）发病率 本病在许多地区经常发生，老疫区的猪群常有一定免疫性，其发病率和死亡率均较低。

【临床症状】 一般为5～7天，根据临床症状可分为最急性型、急性型、慢性型和温和型四种类型。

（1）最急性型 病猪突然发病，急剧进展，主见高热稽留，皮肤紫红，黏膜发绀，全身出血，呈现典型败血症的变化。经一至数天死亡。

（2）急性型 此型最为多见。病猪常突然发生，精神沉郁，发热，体温在40～42℃，呈现稽留热，喜卧，弓背，寒战，行走摇晃。食欲减退或废绝，喜欢饮水，有的发生呕吐。结膜发炎（见图3-1），流脓性分泌物，将上下眼睑粘住不能张开。鼻流脓性鼻液。初期便秘，干硬的粪球表面附有大量白色的肠黏液，后期腹泻，粪便恶臭，带有黏液或血液。病猪的鼻端、耳后根、胸腹部和四肢内侧的皮肤及齿龈、唇内、肛门等处黏膜出现针尖状出血点，指压不褪色（见图3-2、图3-3）。腹股沟淋巴结肿大。公猪包皮发炎，阴鞘积尿，用手挤压时有恶臭浑浊液体射出（见图3-4）。小猪可出现神经症状，表现磨牙、后退、转圈、强直、侧卧及游泳状，甚至昏迷等。

图3-1　结膜肿胀，充血潮红

图3-2　胸部皮肤出现针尖
状出血点，指压不褪色

图3-3　耳、颈下、胸部、腹部及臀部
的皮肤呈现紫红色及蓝紫色

图3-4　公猪包皮发炎，阴鞘
积尿，用手挤压时排出恶臭
浑浊的液体

（3）**慢性型**　多由急性型转变而来，体温时高时低，食欲不振，便秘与腹泻交替出现，逐渐消瘦、贫血、衰弱，被毛粗乱，行走时两后肢摇晃无力、步态不稳。有些病猪的耳尖、尾端和四肢下部呈蓝紫色或坏死、脱落，病程可长达一个月以上，最后衰竭死亡，死亡率极高。

（4）**温和型**　又称非典型，发生较多的是断奶后的仔猪及架子猪。表现不典型且症状轻微，病情缓和，病理变化不明显。病程较长者则体温稽留在40℃左右，皮肤无出血小点，但有瘀血和坏死，食欲时好时坏，粪便时干时稀，病猪十分瘦弱，致死率较高，也有耐过的，但生长发育严重受阻。

【病理剖检变化】

1）皮肤、黏膜、浆膜广泛性出血（见图3-5、图3-6）。

图3-5　皮下呈现密集的针尖状
　　　　出血点

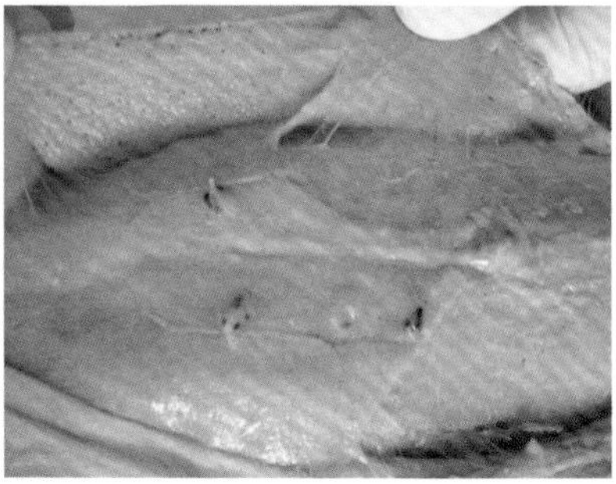

图3-6　胸腹下皮肤有针尖状出
　　　　血点，乳头周围出血更明显

2）淋巴结肿大，切面出血变化，周边和中央条纹状出血，切面如大理石样出血（见图3-7、图3-8、图3-9）。

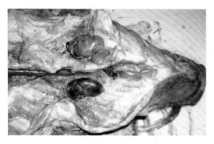

图3-7　下颌淋巴结高度肿大，
　　　　严重出血

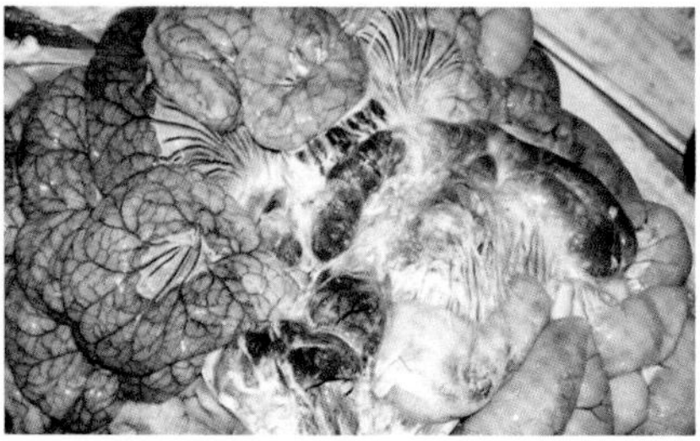

图3-8　肠系膜淋巴结高度肿大，
　　　　严重出血

3）脾脏一般不见肿大，但有梗死呈紫黑色，以边缘最多见，有的边缘呈锯齿状（见图3-10、图3-11）。

4）泌尿系统：肾脏不肿大，色浅，可见表面有大小不等的出血点（见图3-12、图3-13）；纵切，肾脏皮质区、髓质区、肾盂有出血点；

膀胱内可出现浑浊尿液（见图3-14），膀胱黏膜有针尖大小出血点（见图3-15）。

图 3-9　淋巴结肿大，周边外缘
出血，切面呈大理石样出血

图 3-10　脾脏虽无明显肿胀，
但有出血和梗死现象

图 3-11　脾脏边缘有梗死，边缘呈锯齿状

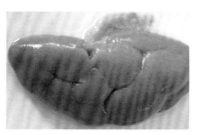

图 3-12　刚出生15日龄死亡的
病仔猪，肾脏畸形，皮质部有
裂缝，还有多量出血点

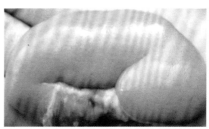

图 3-13　肾脏贫血呈土黄色，
肾皮质部有多量针尖样出血点

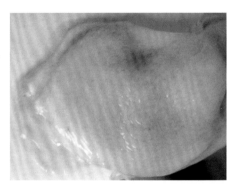

图 3-14　膀胱内尿液浑浊且
　　　　　出现絮状物

图 3-15　膀胱黏膜有针尖大小的
　　　　　出血点

　　5）消化系统：扁桃体炎症，肿大，出血，后期坏死；胆囊壁增厚，黏膜溃疡、坏死且有出血点（见图 3-16）；盲肠、结肠、回盲口附近出现黏膜坏死，呈纽扣状溃疡（见图 3-17）。

图 3-16　胆囊壁增厚，黏膜
　　　　　溃疡、坏死

图 3-17　大肠黏膜坏死，呈
　　　　　纽扣状溃疡

　　6）中枢神经系统：脑膜及脑实质有出血点或出血斑。
　　7）慢性猪瘟可见肋骨的骺线增厚，形成骨化线（见图 3-18）。

图 3-18 慢性猪瘟可见肋骨的骺线增厚，形成骨化线

【类症鉴别】

（1）**与猪丹毒的鉴别** 二者都有传染性，体温高达 41～42℃，精神沉郁、绝食、喜卧，皮肤变色严重等。猪丹毒病猪的体温较高，可达 43℃，表现败血型时皮肤不如猪瘟紫，卧地时脚踢病猪也不动；疹块型则皮肤表现有方形、菱形、圆形疹块；慢性型关节肿大、跛行、瘦弱。剖检可见脾脏呈樱桃红色，松软，切面外翻，白髓周围"有红晕"；肝脏常有显著充血，切面白色多汁；胃肠卡他性炎，慢性的心瓣膜有菜花状赘生物。采取病猪的血液、病料涂片镜检可见革兰氏阳性的小杆菌。青霉素类药物治疗非常见效。

（2）**与猪肺疫的鉴别** 二者都有传染性，体温高达 40～42℃，精神沉郁，绝食，皮肤有出血斑等。猪肺疫一般无大流行，多零星发生。当感染肺部引起胸膜肺炎时，表现为呼吸困难，伸颈张口，剖检可见喉部肿胀。机械性叩诊能引起咳嗽，病猪表现出痛感，同时也表现出呼吸困难。肺部可见肿胀、变色等病变，颜色呈暗红或灰黄色。无菌采取体液，涂片，显微镜下可见革兰氏阴性的小杆菌。

（3）**与猪副伤寒的鉴别** 二者都有传染性，体温高达 41～42℃，精神不振，绝食，先便秘后下痢，皮肤有紫红斑，震颤。副伤寒多发于 1～4 月龄仔猪和多雨潮湿的季节，一般呈地方性流行。眼睛有脓性分泌物，拉浅黄色或灰色稀粪，混有血液和组织碎片，有恶臭。脾脏无梗死，但有少量出血点。小肠内多见糠麸样伪膜，大肠内常有浅表性溃疡。肠系膜淋巴结肿胀呈索样，切面有灰黄色坏死灶。用病料涂片镜检，可见呈革兰氏阴性、两端钝圆、中等大小的杆菌。

（4）与猪弓形虫病的鉴别 二者都有传染性，体温高达 41~42℃，精神沉郁，绝食，喜卧，粪便干燥，皮肤可见紫红斑；剖检可见回盲瓣有溃疡等。弓形虫病多种家畜均易感，夏、秋季发病率高。尿液呈特征性的橘黄色。下腹部及股内侧皮肤出现紫红块，突起处与周围皮肤分界明显。该病侵入肺部时，表现出呼吸困难等症状，听诊有啰音，有癫痫样痉挛。剖检可见肝脏肿胀，呈黄褐色，切面外翻，表面有栗状颗粒以及大小不等的灰白色或黄色坏死灶。胃部有出血点和片状及带状溃疡，回盲瓣有点状溃疡，盲肠和结肠有散在稍大些的溃疡。

（5）与猪附红细胞体病的鉴别 二者都有传染性，体温高达 41~42℃，精神沉郁，绝食，不愿活动，病初粪便干燥呈球状并附有黏液，耳部、鼻部、腹股沟等处出现紫色斑。猪附红细胞体病主要表现为皮肤初期发红、中期发白、后期发紫，有时会出现不规则的紫斑，可视黏膜苍白、黄染，带有咳嗽现象。剖检可见全身肌肉黄染。血液一般稀薄，血凝不良。肝脏呈土黄色。脾脏肿大，质地柔软，有暗红色出血点。将发病动物采血涂片，可见红细胞变形及血浆中游动的各种形态的虫体。

【预防】

1）免疫接种。

2）开展免疫监测，采用酶联免疫吸附试验或正向间接血凝试验等方法开展免疫抗体监测。

3）及时淘汰隐性感染带毒种猪。

4）坚持自繁自养、全进全出的饲养管理制度。

5）做好猪场、猪舍的隔离、卫生、消毒和杀虫工作，减少猪瘟病毒的侵入。

【临床用药指南】 预防猪瘟最有效的方法就是接种猪瘟疫苗。

1）疫苗种类。猪瘟活苗（Ⅰ）——乳兔苗；猪瘟活苗（Ⅱ）——细胞苗；猪瘟活苗（Ⅰ）——脾淋苗

2）使用方法

① 猪瘟活苗（Ⅰ）——乳兔苗：该疫苗为肌内注射或皮下注射。使用时按瓶签注明头份，用无菌生理盐水按每头份 1mL 稀释，大小猪均为 1mL。该疫苗禁止与菌苗同时注射。注射本苗后可能有少数猪在 1~2 天内发生疫苗反应，但 3 天后即可恢复正常。注苗后如出现过敏反应，应及

时注射抗过敏药物，如肾上腺素等。该疫苗要在 -15℃ 以下避光保存，有效期为 12 个月。该疫苗稀释后，应放在冷藏容器内，严禁结冰，如气温在 15℃ 以下，6h 内要用完；如气温在 15 ~ 27℃，应在 3h 内用完。注射的时间最好是进食前或进食后 2h。

② 猪瘟活苗（Ⅱ）——细胞苗：该疫苗大小猪都可使用。按标签注明头份，每头份加入无菌生理盐水 1mL 稀释后，大小猪均皮下或肌内注射 1mL。注射 4 天后即可产生免疫力，注射后免疫期可达 12 个月。该疫苗宜在 -15℃ 以下保存，有效期为 18 个月。注射前应了解当地确无疫病流行。随用随稀释，稀释后的疫苗应放冷暗处，并限 2h 内用完。断奶前仔猪可接种 4 头份疫苗，以防母源抗体干扰。

③ 猪瘟活苗（Ⅰ）——脾淋苗：该疫苗为肌内注射或皮下注射。使用时按瓶签注明头份，用无菌生理盐水按每头份 1mL 稀释，大小猪均 1mL。该疫苗应在 -15℃ 以下避光保存，有效期为 12 个月。疫苗稀释后，应放在冷藏容器内，严禁结冰。如气温在 15℃ 以下，6h 内用完；如气温在 15 ~ 27℃，则应在 3h 内用完。注射的时间最好是进食前或进食后 2h。

3）注意事项。以上 3 种疫苗在没有猪瘟流行的地区，对断奶后无母源抗体的仔猪注射 1 次即可；在有疫情威胁时，仔猪可在 21 ~ 30 日龄和 65 日龄左右各注射 1 次；被注射疫苗的猪必须健康无病，如猪体质瘦弱、有病，体温升高或食欲不振等均不予注射；注射免疫用各种工具，须在用前消毒。每注射 1 头猪，必须更换一次煮沸消毒过的针头，严禁打 "飞针"；注射部位应先剪毛，然后用碘酊消毒，再进行注射；以上 3 种疫苗如果在有猪瘟发生的地区使用，必须由兽医严格指导，注射后防疫人员应在 1 周内进行逐日观察。

二、猪细小病毒感染

猪细小病毒病（porcine parvovirus infection）是由猪细小病毒（PPV）引起的一种猪繁殖障碍病，该病主要表现为胚胎和胎儿的感染和死亡，特别是初产母猪产死胎、畸形胎和木乃伊胎，但母猪本身无明显的症状。多感染头胎母猪，病毒可通过胎盘传染给胎儿。

【流行特点】

（1）传染源 主要来自感染细小病毒的母猪和带毒的公猪。被感染的种公猪也是该病最危险的传染源，可在公猪的精液、精索、附睾、性腺中分离到病毒。

（2）传播方式 病毒能通过胎盘垂直传播，而带毒猪所产的活猪带毒及排毒时间都很长，甚至终生。携带病毒的种公猪通过配种传染给易感母猪，并使该病传播扩散。

（3）易感猪群 各种不同年龄、性别的家猪和野猪均易感。后备母猪比经产母猪易感染。

【临床症状】

1）猪群暴发此病时常有木乃伊胎、窝仔数减少、母猪难产和重复配种等临床表现。

2）妊娠早期30～50天感染，胚胎死亡或被吸收，使母猪不孕和不规则地反复发情。

3）妊娠中期50～60天感染，胎儿死亡之后，形成木乃伊胎。

4）妊娠后期60～70天以上，胎儿有自免能力，能够抵抗病毒感染，大多数胎儿能存活下来，但可长期带毒。

【病理剖检变化】 病变主要在胎儿，可见感染胎儿充血、水肿、出血、体腔积液、脱水（木乃伊化）及坏死等病变（见图3-19、图3-20）。子宫内可见死胎和木乃伊胎，有时也可看到胎盘部分钙化（见图3-21）。

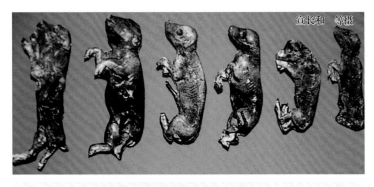

宣长和 等摄

图3-19 胎儿出现木乃伊化

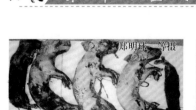

郑明球 等摄

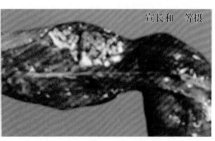

宣长和 等摄

图 3-20 在同一窝中所见不同
孕期死亡的异常胎儿

图 3-21 病猪胎盘部分钙化

【类症鉴别】

（1）与猪伪狂犬病的鉴别 猪伪狂犬病除引起妊娠母猪流产和产死胎外，仔猪也发病，呈现体温升高、呼吸困难、下痢及特征性的神经症状。而猪细小病毒病只侵害妊娠母猪，其他猪为隐性感染。

（2）与猪乙型脑炎的鉴别 猪乙型脑炎仅发生于蚊虫活动季节，除妊娠母猪发生流产和产死胎外，公猪可发生睾丸肿胀，其他小猪有体温升高、精神沉郁、肢腿轻度麻痹等神经症状，与猪细小病毒病有明显区别。

（3）与猪呼吸与繁殖障碍综合征的鉴别 猪呼吸与繁殖障碍综合征感染猪群早期有类似流感的症状。除母猪流产、早产、产死胎外，患病哺乳仔猪高度呼吸困难。1 周内新生仔猪死亡率很高，主要病变为肺泡性间质性肺炎。公猪和肥育猪都有发热、厌食及呼吸困难症状。而猪细小病毒病几乎仅见母猪流产、早产、产死胎和木乃伊胎，其他猪均为隐性感染。

（4）与猪传染性死木胎病毒病的鉴别 猪传染性死木胎病毒感染主要引起胎儿死亡、胎儿木乃伊化、胎儿和新生仔猪畸形、母猪不孕等症，与猪细小病毒病很相似，在临床上难以区分，需采病料进行实验室检查才能鉴别。

（5）与猪布氏杆菌病的鉴别 猪布氏杆菌病常发生于布氏杆菌病流行地区，除妊娠母猪流产和产死胎外，公猪可发生睾丸炎。采取血清做布氏杆菌病凝集试验，呈阳性反应。

（6）与猪衣原体病的鉴别 猪衣原体病常可引起妊娠母猪流产及早产，这是与细小病毒相似之处。但猪场发生猪衣原体病时，常见小猪发生慢性肺炎、角膜结膜炎、多发性关节炎，公猪发生睾丸炎、附睾炎。病料涂片染色镜检，在细胞内可见衣原体的包涵体。

【预防】

1）采取综合性防治措施。细小病毒对外界环境的抵抗力很强，要使一个无感染的猪场保持下去，必须采取严格的卫生措施，尽量坚持自繁自养，如需要引进种猪，必须从无细小病毒感染的猪场引进。当 HI 滴度在 1∶256 以下或阴性时，方准许引进。引进后严格隔离 2 周以上，当再次检测 HI 为阴性时，方可混群饲养。发病猪场应特别防止小母猪在第一胎时被感染，可把其配种期拖延至 9 月龄时，此时母源抗体已消失（母源抗体可持续平均 21 周），通过人工主动免疫使其产生免疫力后再配种。

2）疫苗预防。使用疫苗是预防猪细小病毒病、提高母猪抗病力和繁殖率的有效方法，已有 10 多个国家研制出了细小病毒疫苗。疫苗包括活苗与灭活苗。活苗产生的抗体滴度高，而且维持时间较长，而灭活苗的免疫期比较短，一般只有半年。疫苗注射可选在配种前几周进行，以使妊娠母猪于易感期保持坚强的免疫力。为防止母源抗体的干扰，可采用两次注射法或通过测定 HI 滴度以确定免疫时间，抗体滴度大于 1∶20 时，不宜注射，抗体效价高于 1∶80 时，即可抵抗细小病毒的感染。在生产上，为了给母猪提供坚强的免疫力，猪每次配种前最好都进行免疫，可以通过灭活油乳剂苗两次注射，以避开体内已存在的被动免疫力的干扰。猪在断奶时将其从污染群移到没有细小病毒污染的地方进行隔离饲养，也有助于本病的净化。

3）其他措施。要严格引种检疫，做好隔离饲养管理工作，对病死尸体、污物及场地，要严格消毒，做好无害化处理工作。

【临床用药指南】

1）防止继发感染，注射抗生素药物，可连用 3～5 天。

2）对延时分娩的病猪及时注射前列腺烯醇注射液引产，防止胎儿腐败，甚至滞留子宫引起子宫内膜炎及不孕症。

3）对心功能差的病猪使用强心药，机体脱水的要静脉补液。

三、猪伪狂犬病

猪伪狂犬病（porcine pseudorabies，PR）是由猪伪狂犬病毒引起的猪的急性传染病。该病呈暴发性流行，可引起妊娠母猪流产、产死胎，公猪不育，新生仔猪大量死亡，育肥猪呼吸困难、生长停滞等，是危害全球养猪业的重大传染病之一。多种动物都可感染该病，哺乳仔猪发病最多，死亡率很高；成年猪多呈隐性感染，能长期排毒，是主要的传染源。

【流行特点】

（1）传染源 猪是伪狂犬病毒的贮存宿主，病猪、带毒猪以及带毒鼠类为本病重要传染源。

（2）传播方式 在猪场，伪狂犬病毒主要通过已感染猪排毒而传给健康猪，另外，被伪狂犬病毒污染的工作人员和器具在传播中起着重要的作用。而空气传播则是伪狂犬病毒扩散的最主要途径。

（3）发病季节 伪狂犬病的发生具有一定的季节性，多发生在寒冷的季节，但其他季节也有发生。

【临床症状】 伪狂犬病毒的临诊表现主要取决于感染病毒的毒力和感染量，以及感染猪的年龄。其中，感染猪的年龄是最主要因素。与其他动物的疱疹病毒一样，幼龄猪感染伪狂犬病毒后病情最重。

新生仔猪感染伪狂犬病毒会引起大量死亡，临诊上新生仔猪第1天表现正常，从第二天开始发病，3～5天内是死亡高峰期，有的整窝死光。同时，发病仔猪表现出明显的神经症状、昏睡、鸣叫、呕吐、拉稀，一旦发病，1～2天内死亡。剖检主要表现是肾脏布满针尖样出血点，有时见到肺水肿，脑膜表面充血、出血。15日龄以内的仔猪感染本病者，病情极严重，发病死亡率可达100%。仔猪突然发病，体温上升达41℃以上，精神极度委顿，发抖，运动不协调，间歇性抽搐，癫痫样发作，泡沫样流涎（见图3-22），呕吐，腹泻，极少康复。断奶仔猪感染伪狂犬病毒，发病率在20%～40%，死亡率在10%～20%，主要表现为神经症状、拉稀、

图3-22 间歇性抽搐，癫痫样发作，口角出现大量泡沫

呕吐等。成年猪一般为隐性感染，若有症状也很轻微，易于恢复。主要表现为发热、精神沉郁，有些病猪呕吐、咳嗽，一般于 4 ~ 8 天内完全恢复。妊娠母猪可发生流产、产木乃伊胎或死胎，其中以死胎为主（见图 3-23、图 3-24）。无论是头胎母猪还是经产母猪都会发病，而且没有严格的季节性，但以寒冷季节即冬末春初多发。

伪狂犬病发病还表现为种猪不育症。近几年发现有的猪场春季暴发伪狂犬病，出现死胎或断奶仔猪患伪狂犬病后，紧接着下半年母猪配不上种，返情率高达 90%，有反复配种数次都配不上的。

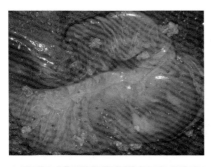

图 3-23　妊娠母猪发生流产后排出的胎衣和死胎

图 3-24　妊娠 112 天产出的全窝死胎，大小基本一致

【病理剖检变化】　眼观主要可见肾脏有瘀血斑及针尖状出血点（见图 3-25）。肝脏、脾脏等实质脏器常可见灰白色坏死病灶（见图 3-26），肾上腺出现坏死灶是本病的特征性病变（见图 3-27）。严重病例其扁桃体及咽喉部发生坏死（见图 3-28）。肺充血、水肿，有时出现坏死点（见图 3-29）。中枢神经系统症状明显时，脑膜明显充血，脑脊液过量。子宫内感染后可发展为溶解性坏死性胎盘炎，造成流产、死胎。还可见到不同程度的卡他性胃炎（见图 3-30）和肠炎。组织学病变主要是中枢神经系统的弥散性非化脓性脑膜脑炎及神经节炎，有明显的血管套及弥散性局部胶质细胞坏死。在脑神经细胞内、鼻咽黏膜处、脾脏及淋巴结的淋巴细胞内可见核内嗜酸性包涵体和出血性炎症。有时可见肝脏小叶周边出现凝固性坏死。肺泡隔核小叶质增宽，淋巴细胞、单核细胞浸润。

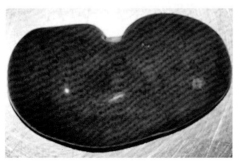

图 3-25 肾脏瘀血，呈现大量针尖
状出血点

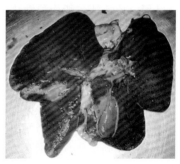

图 3-26 肝脏出现大量灰白色
坏死病灶

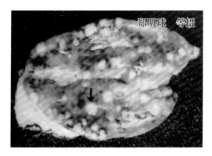

图 3-27 肾上腺出现散在坏死点
（本病的特征性病变）

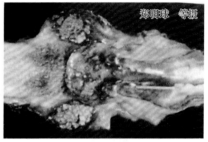

图 3-28 严重病死猪可见扁桃体及
咽喉部发生坏死

图 3-29 肺脏充血、水肿

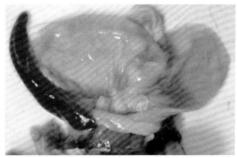

图 3-30 胃黏膜轻度充血潮红，
呈现卡他性胃炎变化

【类症鉴别】

(1) 与猪链球菌病的鉴别 脑膜脑炎型猪链球菌病除有神经症状外，常伴有败血症及多发性关节炎症状，白细胞数增加等。用青霉素等抗生素治疗有良好效果。

(2) 与猪水肿病的鉴别 多发生于离乳期或新购进不久。眼睑水肿，体温不高，声音嘶哑。剖检可见胃壁及结肠袢肠系膜水肿。从肠系膜淋巴结及小肠内容物中容易分离到致病性大肠杆菌。

(3) 与猪瘟的鉴别 妊娠母猪感染猪瘟后，主要发生木乃伊胎、死胎或产弱仔现象。弱仔出生后不久即死亡。死产胎儿呈现皮下水肿、腹水，头部和四肢畸形，皮肤和四肢点状出血，肺和小脑发育不全以及肝脏有坏死灶等病变。部分新生仔猪表现为呼吸促迫、震颤。采集病猪的扁桃体或死猪的脾脏和淋巴结，送实验室做冰冻切片或组织切片，丙酮固定后用猪瘟荧光抗体染色检查，2~3h即可确诊，检出率达90%以上。

(4) 与猪细小病毒病的鉴别 猪细小病毒病无季节性。其特征为感染母猪的流产几乎只发生于初产母猪，产出死胎、畸形胎、木乃伊胎及病弱仔猪。母猪除流产外无任何症状。其他猪即使感染猪细小病毒，也无任何症状。

(5) 与猪呼吸与繁殖障碍综合征的鉴别 猪呼吸与繁殖障碍综合征感染猪群早期有类似流感的症状。除母猪发生流产、早产和产死胎外，患病哺乳仔猪高度呼吸困难，1周内的新生仔猪病死率很高，主要病变为肺泡性间质性肺炎。公猪和育肥猪都有发热、厌食及呼吸困难症状。

(6) 与猪乙型脑炎的鉴别 猪乙型脑炎仅发生于蚊蝇活动猖獗的季节，除妊娠母猪发生流产和产死胎外，公猪可发生睾丸肿胀，一般为单侧。小猪呈现体温升高、精神沉郁、肢腿轻度麻痹等神经症状。

(7) 与猪布氏杆菌病的鉴别 猪布氏杆菌病一般发生于布氏杆菌病流行地区，无季节性。病猪体温正常，无神经系统症状，无木乃伊胎。主要临床症状及病理变化是病猪通常在妊娠中、后期流产。流产的前兆症状是病猪精神沉郁，阴唇和乳房肿胀，发生阴道炎或子宫炎，阴道流出黏性或黏脓性腥臭分泌物，排出的胎儿多为死胎，流产后经常伴有体温升高。公猪常发生睾丸炎和附睾炎，表现为一侧或两侧无痛性肿大，性欲减退，失去配种能力。

（8）与猪钩端螺旋体病的鉴别　猪钩端螺旋体病在我国长江以南地区发生较多。妊娠母猪感染钩端螺旋体可发生流产，流产率20%～70%，母猪在流产前后有时兼有其他症状，甚至流产后发生急性死亡。但除了流产以外，常见不到其他症状。流产的胎儿有死胎、木乃伊胎，也有弱仔，常于产后不久死亡。

（9）与猪附红细胞体病的鉴别　感染猪附红细胞体病的妊娠母猪（经产或初产）发生流产、早产、死胎、弱胎甚至胎儿干尸化的现象。其主要特征是附红体血症，在红细胞表面和血浆中会出现数量不等的附红细胞体。

（10）与猪衣原体病的鉴别　患猪衣原体病母猪流产前，大多数没有任何先兆。初产母猪妊娠后突然发生流产、早产、产死胎或产弱仔，弱仔一般数天内死亡。流产胎儿水肿，头、颈、四肢出血。公猪呈现睾丸炎、附睾炎、尿道炎、睾丸变硬、腹股沟淋巴结肿大。小猪呈现慢性肺炎、角膜结膜炎、多发性关节炎等症状。病料涂片染色镜检，在细胞内可见到衣原体的包涵体。

【预防】

1）建立健康猪群。消灭场区内的鼠类，对预防本病有重要意义。同时，还要严格控制犬、猫、鸟类和其他禽类进入猪场，严格控制人员来往，并做好消毒工作及血清学监测等，这对本病的防治也可起到积极的推动作用。此外，对猪群采血做血清中和试验，阳性者隔离，以后淘汰。以3～4周为间隔反复进行，一直到两次试验全部阴性为止。另外，培育健康猪，母猪产仔断乳后，尽快分开，隔离饲养，每窝小猪均需与其他窝小猪隔离饲养。到16周龄时，做血清学检查（此时母源抗体转为阴性），所有阳性猪淘汰，30日后再做血清学检查，把阴性猪只合并成较大猪群，最终建立新的无病猪群。

2）疫苗免疫接种。疫苗免疫接种是预防和控制伪狂犬病的根本措施，以净化猪群为主要手段，首先从种猪群开始净化，实行小产房、小保育、低密度、分阶段饲养的饲养模式，加强猪群的日常管理。

① 后备猪应在配种前实施至少2次伪狂犬疫苗的免疫接种，2次均可使用基因缺失弱毒苗。

② 经产母猪应根据本场感染程度在妊娠后期（产前20～40天或配种后75～95天）实行1～2次免疫。母猪免疫使用灭活苗或基因缺失弱毒苗

均可，2 次免疫中至少有 1 次使用基因缺失弱毒苗，产前 20～40 天实行 2 次免疫的妊娠母猪，第一次使用基因缺失弱毒苗，第二次使用蜂胶灭活苗较为稳妥。

③ 哺乳仔猪免疫根据本场猪群感染情况确定。本场未发生过或周围也未发生过伪狂犬疫情的猪群，可在 30 天以后免疫 1 头份灭活苗；若本场或周围发生过疫情的猪群，应在 19 日龄或 23～25 日龄接种基因缺失弱毒苗 1 头份；频繁发生的猪群，应在仔猪 3 日龄用基因缺失弱毒苗滴鼻。

④ 对于疫区或疫情严重的猪场，保育和育肥猪群应在首免 3 周后加强免疫 1 次。

【临床用药指南】　本病目前无特效治疗药物，对感染发病猪可注射猪伪狂犬病高免血清，它对断奶仔猪有明显效果，同时应用黄芪多糖中药制剂配合治疗。对未发病且受威胁的猪只进行紧急免疫接种。本病主要应以预防为主，对新引进的猪要进行严格的检疫，引进后要隔离观察，抽血检验，对检出的阳性猪要注射疫苗，不可留做种用。种猪要定期进行灭活苗免疫，育肥猪或断奶猪也应在 2～4 月龄时用活苗或灭活苗免疫，如果只免疫种猪，育肥猪感染病毒后可向外排毒，直接威胁种猪群。另外感染猪增重迟缓，饲料报酬降低，推迟出栏，间接造成较大的经济损失。

四、猪乙型脑炎

猪乙型脑炎（epidemic encephalitis B）是由日本乙型脑炎病毒引起的一种急性人兽共患传染病，主要特征为高热、流产、产死胎和公猪睾丸炎。

【流行特点】

（1）传染源　乙型脑炎是自然疫源性疫病，许多动物感染后可成为本病的传染源，猪的感染最为普遍。

（2）传播方式　本病主要通过蚊的叮咬进行传播，病毒能在蚊体内繁殖，并可越冬，经卵传递，成为次年感染动物的来源。由于经蚊虫传播，因而流行与蚊虫的滋生及活动有密切关系，有明显的季节性，80% 的病例发生在 7、8、9 三个月。

（3）易感猪群　猪的发病年龄与性成熟有关，大多在 6 月龄左右发病。

（4）发病率　其特点是感染率高，发病率低（20%～30%），死亡率低。新疫区发病率高，病情严重，以后逐年减轻，最后多呈无症状的带毒猪。

【临床症状】　猪只感染乙型脑炎时，临诊上几乎没有脑炎症状的病例；此病常突然发生，体温升至 40～41℃，稽留热，病猪精神萎靡不振，食欲减少或废绝，粪干呈球状，表面附着灰白色黏液；有的病猪后肢呈轻度麻痹，步态不稳，关节肿大，跛行；有的病猪视力障碍；最后因麻痹死亡。妊娠母猪突然发生流产，产出死胎、木乃伊胎和弱胎，母猪无明显异常表现，同胎也见正产胎儿。公猪除有一般症状外，常发生一侧性睾丸肿大，也有两侧性的（见图 3-31），患病睾丸阴囊皱襞消失、发亮，有热痛感，约经 3～5 天后肿胀消退，有的睾丸变小变硬，失去配种繁殖能力。如仅一侧发炎，仍有配种能力。

郑明球　等摄

图 3-31　患病公猪睾丸肿胀

【病理剖检变化】　流产胎儿脑水肿、皮下水肿甚至血样浸润（见图 3-32），肌肉似水煮样，腹水增多；木乃伊胎儿从拇指大小到正常大小（见图 3-33）；肝脏、脾脏、肾脏有坏死灶；全身淋巴结出血；肺瘀血、水肿。子宫黏膜充血、出血和有黏液。胎盘水肿或见出血。公猪睾丸实质充血、出血和小坏死灶；睾丸硬化者，体积缩小，与阴囊粘连，实质结缔组织化。

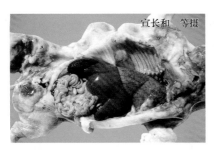

宣长和 等摄

郑明球 等摄

图 3-32　流产胎儿皮下水肿

图 3-33　同一窝出现死于
不同时间的胎儿

【类症鉴别】

（1）与布氏杆菌病的鉴别　布氏杆菌病的发生一年四季都有，无明显的季节性，体温一般不升高，流产多见于受胎后 60～90 天，流产胎儿不像乙型脑炎那样有各种各样的病态，有条件的可采血清做布氏杆菌凝集试验，以与乙型脑炎相区别。

（2）与伪狂犬病的鉴别　伪狂犬病无季节性，经直接接触或间接接触传染。流产胎儿的大小无显著差别，在母猪流产的同时，常有较多的哺乳仔猪患病，呈现兴奋、痉挛、麻痹、意识不清而死。公猪无睾丸肿大现象，猪乙型脑炎与上述情况不同。

（3）与猪细小病毒病的鉴别　猪细小病毒病无季节性，流产只发生于头胎，母猪除流产外，无任何症状，其他即使感染猪细小病毒，也无任何症状，木乃伊胎的大小常不一致，存活的胎儿，有的可能是畸形仔猪。

【预防】　防蚊灭蚊，特别要注意消灭越冬蚊，根除传染媒介是预防本病的根本措施。夏季圈舍每周 2 次喷杀虫剂，如倍硫磷、敌敌畏、灭害灵等可有效减少本病的发生。

本病无治疗方法，一旦确诊最好淘汰。做好死胎儿、胎盘及分泌物等的处理；在流行地区的猪场，于蚊虫开始活动前 1～2 个月，对 4 月龄以上至两岁的公母猪，应用乙型脑炎弱毒疫苗进行预防注射，第二年加强免疫一次，免疫期可达 3 年，有较好的预防效果。

【临床用药指南】

[方1] 康复猪血清40mL，一次肌内注射；10%磺胺嘧啶钠注射液20～30mL，25%葡萄糖注射液40～60mL，一次静脉注射；10%水合氯醛20mL，一次静脉注射。

[方2] 生石膏120g、板蓝根120g、大青叶60g、生地30g、连翘30g、紫草30g、黄芩20g。

用法：水煎一次灌服，每天1剂，连用3剂以上。

[方3] 生石膏80g、大黄10g、元明粉（硫酸钠）20g、板蓝根20g、生地20g、连翘20g。

用法：共研细末，开水冲服，日服2次，每天1剂，连用1～2天。水煎一次灌服，每天1剂，连用3剂以上。

[方4] 针灸穴位：天门穴、脑俞穴、大椎穴、太阳穴等，并配以耳门、涌泉、滴水等穴。

针法：白针或血针。

五、猪呼吸与繁殖障碍综合征

猪呼吸与繁殖障碍综合征（porcine reproductive and respiratory syndrome）在20世纪80年代末90年代初，曾经迅速传遍世界各个养猪国家，在猪群密集、流动频繁的地区更为流行，造成了严重的经济损失。近几年，该病在我国呈现明显的高发趋势，对养猪业造成了重大损失，已成为严重威胁我国养猪业发展的重要传染病之一。

【流行特点】

（1）**传染源** 病猪、带毒猪和患病母猪所产的仔猪以及被污染的环境、用具都是重要的传染源，痊愈猪仍携带病毒并可长期排毒。此病在仔猪中传播比在成猪中传播更容易。当健康猪与病猪接触，如同圈饲养、频繁调运、高度集中，都容易导致本病的发生和流行。猪场卫生条件差、气候恶劣、饲养密度大，可促进猪繁殖与呼吸综合征的流行。老鼠可能是猪呼吸与繁殖障碍综合征病原的携带者和传播者。

（2）**传播方式** 主要感染途径为呼吸道，空气传播、接触传播、精液传播和垂直传播为主要的传播方式。

（3）易感猪群 各种年龄的猪均有易感性，但本病主要引起仔猪发病和母猪繁殖障碍。

（4）发病率 不同年龄的猪群及猪场管理水平的差异，使本病的发病率和死亡率有明显的不同。

【**临床症状**】 各种年龄的猪发病后大多表现有呼吸困难症状，但具体症状不尽相同。

1）母猪染病后，初期出现厌食、体温升高、呼吸急促、流鼻涕等类似感冒的症状，少部分感染猪四肢末端、尾、乳头、阴户和耳尖发绀，并以耳尖发绀最为常见。个别母猪拉稀，后期则出现四肢瘫痪等症状，一般持续1~3周，最后可能因为衰竭而死亡。妊娠前期的母猪流产，妊娠中期的母猪出现死胎、木乃伊胎，或者产下弱胎、畸形胎，哺乳母猪产后无乳，乳猪多被饿死。

2）公猪感染后，表现咳嗽、打喷嚏、精神沉郁、食欲不振、呼吸急促和运动障碍、性欲减弱、精液质量下降、射精量少。

3）生长肥育猪和断奶仔猪染病后，主要表现为厌食、嗜睡、咳嗽、呼吸困难，有些猪双眼肿胀，出现结膜炎和腹泻，有些断奶仔猪表现下痢、关节炎、耳朵紫红（见图3-34、图3-35）、皮肤有斑点。病猪常因继发感染胸膜炎、链球菌病、气喘病而致死。如果不发生继发感染，生长肥育猪可以康复。

图3-34 耳朵呈现明显的紫红色　　　图3-35 双耳表现清晰的紫红色

4）哺乳期仔猪染病后，多表现为被毛粗乱、精神不振、呼吸困难、气喘或耳朵发绀，有的有出血倾向，皮下有斑块，出现关节炎、败血症等症状，死亡率高达60%。仔猪断奶前死亡率增加，高峰期一般持续8~12周，而胚胎期感染病毒的，多在出生时即死亡或出生后数天死亡，死亡率高达100%。

⚠️ **【注意】** 血清学调查证明，猪群中呼吸与繁殖障碍综合征阳性率高达40%~50%，但出现临床症状的不过10%，目前对这种亚临床感染的认识仍显不足。

【病理剖检变化】 剖检猪呼吸与繁殖障碍综合征病死猪，发现尸体多处皮肤发紫，特别是两耳可见发绀（见图3-36）。主要眼观病变是肺弥漫性间质性肺炎（见图3-37），并伴有细胞浸润和卡他性肺炎区、肺水肿（见图3-38），有的肺脏出现胰样变（见图3-39）；新生病死仔猪在腹膜以及肾周围脂肪、肠系膜淋巴结、皮下脂肪和肌肉等处发生水肿（见图3-40）。断奶仔猪和生长肥育猪，病初气管及支气管内可见大量泡沫状液体（见图3-41），后期可形成痰液；肝脏肿大、瘀血、出血（见图3-42）；脾脏轻度肿大和出血（见图3-43）；肾脏瘀血，有点色浅，皮质部有大量出血点（见图3-44、图3-45、图3-46）；膀胱黏膜可见出血点（见图3-47）；淋巴结肿大、出血（见图3-48、图3-49）；胃黏膜出血、溃疡（见图3-50）。

图3-36 尸体多处皮肤发紫，特别是两耳可见发绀

图3-37 肺脏瘀血、出血，呈现弥漫性间质性肺炎

图 3-38　整个肺脏瘀血、出血，
　　　　并有严重的肺水肿

图 3-39　肺脏出血，出现典型的胰样变

图 3-40　出生 15 日龄的病死
　　　　仔猪，肾脏周围明显水肿

图 3-41　气管内有大量泡沫状液体

图 3-42　肝脏肿大、
　　　　瘀血、出血

图 3-43　脾脏轻度肿大和出血

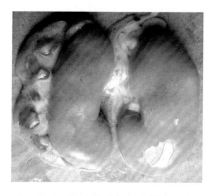

图 3-44　肾脏皮质部有大量出血点

图 3-45　肾脏轻度瘀血，
皮质部有出血点

图 3-46　肾乳头周围严重出血

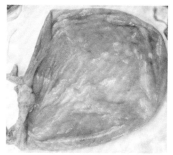

图 3-47　膀胱黏膜潮红，
可见出血点

图 3-48　淋巴结肿大、出血点

图 3-49　淋巴结髓样肿大、出血

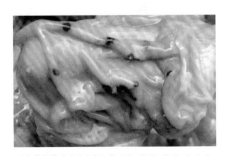

图 3-50　胃黏膜出血、溃疡

在显微镜下观察，可见鼻黏膜上皮细胞变性，纤毛上皮消失，支气管上皮细胞变性，肺泡壁增厚，间有巨噬细胞和淋巴细胞浸润。母猪可见脑内局灶性血管周围炎，脑髓质可见单核淋巴细胞性血管套，动脉周围淋巴鞘的淋巴细胞减少，细胞核破裂和空泡化。

【类症鉴别】

（1）与猪伪狂犬病的鉴别　猪伪狂犬病可感染多种家畜。妊娠母猪发生流产，产死胎和木乃伊胎，其中以产死胎为主。新生仔猪 15 日龄以内病死率高达 100%，常表现突然发病，体温升至 41℃ 以上，厌乳、呕吐、拉稀不止、昏睡、发抖、运动不协调，特别明显的直观现象是一耳朝前一耳朝后。断奶仔猪发病率约 40%，病死率 20% 左右，主要表现为呼吸系统症状，呈呼吸困难、咳嗽、流鼻涕等，也有部分猪出现神经症状，表现腹泻和呕吐等。病料接种家兔后奇痒，接种部位啃咬出血。

（2）与猪乙型脑炎的鉴别　乙型脑炎病猪常突然发病体温升至 40 ~ 41℃，稽留热，多发生于 7 ~ 9 月份，妊娠母猪突然发生流产，产出死胎、木乃伊胎和弱仔。胎儿大小不等，小的像人的拇指，大的与正常胎儿无太大差别。流产死胎和畸形胎有脑水肿、颅骨软，可直接用剪子剪开，且里面一摊液体，皮下血样浸润，死胎常因水肿而显得头大，皮肤呈黑褐色或暗褐色。腹水增多。肝脏、脾脏、肾脏有坏死灶。公猪睾丸先肿胀后萎缩，多为一侧性。

（3）与猪细小病毒病的鉴别　猪细小病毒病无季节性流产，几乎只发生于头胎母猪，除流产外无任何症状，木乃伊胎现象非常明显，其他猪即使感染也无任何症状。

（4）与猪布氏杆菌病的鉴别　布氏杆菌病患猪流产前常乳房肿胀，阴户流黏液，产后流红色黏液，一般产后 8～10 天可自愈。公猪出现睾丸炎，附睾肿大，触摸有痛感。剖检母猪可见子宫黏膜有许多粟粒大小黄色结节，胎盘上有大量出血点。

（5）与猪瘟的鉴别　妊娠母猪感染猪瘟后主要发生木乃伊胎和死产现象，死产胎儿呈皮下水肿和腹水、头部和四肢畸形、皮肤和四肢点状出血，肺和小脑发育不全等病变，其他的猪只可出现全身出血，不见呼吸困难等症状。

（6）与猪衣原体病的鉴别　猪衣原体病猪一般体温正常，流产前无症状，很少拒食，无呼吸困难症状。剖检可见子宫内膜出血并有坏死灶，流产胎衣呈暗红色，表面有坏死区域且周围有水肿。

【预防】

1）及时注射疫苗。一般情况下，种猪接种灭活苗，而育肥猪接种弱毒苗。因为母猪若在妊娠期后 1/3 的时间接种活苗，疫苗病毒会通过胎盘感染胎儿；而公猪接种活苗后，可能通过精液传播疫苗病毒。弱毒苗的免疫期为 4 个月以上，后备母猪在配种前进行 2 次免疫，首免在配种前 2 个月，间隔 1 个月进行二免。小猪在母源抗体消失前首免，母源抗体消失后进行二免。灭活苗安全，但免疫效果略差，基础免疫进行 2 次，间隔 3 周，每次每头肌内注射 4mL，以后每隔 5 个月免疫 1 次，每头 4mL。

⚠️　**【注意】**　接种疫苗的时间应根据具体情况而定，不可一概而论。但若猪场存在病毒，在使用疫苗前，最好先对全场进行严格彻底的消毒，每天 1 次，连续 5 天，同时在饲料中添加复方磺胺嘧啶、金霉素 400mg/L、阿莫西林 200mg/L，连喂 5 天，使猪群体内毒素含量降低到一定程度后再注射疫苗。

2）受疫情威胁的猪场，应在饲料和饮水中添加药物，方法是：产前 1 周和产后 1 周，在饲料中添加泰妙菌素 100mg/kg，加土霉素或金霉素 300mg/kg，也可添加磺胺甲噁唑，产后肌内注射阿莫西林。仔猪在断奶后 1 个月，用泰妙菌素 50mg/kg，加土霉素或金霉素 150mg/kg，拌料饲喂，同时用阿莫西林 500mg/L 饮水。

3）最根本的办法是消除病猪、带毒猪和彻底消毒猪舍（如热水清洗、空栏消毒），严密封锁发病猪场，对死胎、木乃伊胎、胎衣、死猪等，应进行焚烧等无害化处理，及时扑杀、销毁患病猪，切断传播途径。坚持自繁自养，因生产需要不得不从外地引种时，应严格检疫，避免引入带毒猪。

4）加强饲养管理，调整好猪的日粮，把矿物质含量（Fe、Ca、Zn、Se、Mn 等）提高 5% ~ 10%，维生素含量提高 5% ~ 10%，其中维生素 E 提高 100%，生物素提高 50%，平衡好赖氨酸、甲硫氨酸、胱氨酸、色氨酸、苏氨酸等的供应量，都能有效提高猪群的抗病力。

另外，在母猪分娩前 20 天，每天每头母猪投喂阿司匹林 8g，直到产前 1 周停止，能减少流产的发生。

【临床用药指南】 猪呼吸与繁殖障碍综合征是病毒病，临床上没有特效药物，只能采取对症治疗的办法加以控制。

1）对于体温升高的病猪，可以使用 30% 安乃近注射液 20 ~ 30mL、地塞米松 25mg、青霉素 320 ~ 480 万单位、链霉素 2g，一次肌内注射，每天 2 次。

2）对于食欲不振的病猪，使用甲氧氯普胺 1mg/kg 体重、复合维生素 B 12mL，1 次肌内注射，每天 1 次；对于食欲废绝但呼吸平稳的病猪，可以使用 5% 葡萄糖盐水 500mL、利巴韦林 20mL、复合维生素 B 10mL，加入头孢 5 号 25 ~ 35mg/kg 体重，混合静脉注射，另外肌内注射维生素 C 10mL。

3）对于产后无乳的母猪，选用林可霉素 180 万单位、50% 葡萄糖 50 ~ 100mL 静脉注射，也可注射催产素 3 ~ 5 支。

4）对于继发支原体肺炎的仔猪，可使用大观霉素或利高霉素 15mg/kg 体重，肌内注射 1 ~ 2 个疗程，每个疗程 5 天。

5）对于继发胸膜肺炎的仔猪，可采用速解灵 2mg/kg 体重，每天 1 次，连注 3 天。

另外，对病猪应进行有针对性的支持疗法，以防止并发症的发生，使损失降低到最低限度，可用 10% 葡萄糖或 5% 葡萄糖盐水，配合使用阿莫西林、青霉素等抗生素。同时，还要加强猪舍卫生消毒和饲养管理工作，减少环境中不利因素的影响，增加日粮中维生素和矿物质的含量。

六、猪布氏杆菌病

布氏杆菌病（brucella）是人兽共患的一种慢性传染病。其特征是侵害生殖系统，母畜发生流产和不孕，公畜可引起睾丸炎。对人则表现为发热、多汗、关节痛、神经痛及肝脏、脾脏肿大。本病分布广泛，可严重地损害人、兽的健康。

【流行特点】

(1) 传染源　被感染的人或动物，一部分呈现临床症状，大部分为隐性感染而带菌成为传染源。经检测证明，大部分感染猪可以自行清除病原，自行康复，仅少数猪成为永久性的传染源。

(2) 传播方式　病原体随病母猪的阴道分泌物和公猪的精液排出，特别是流产胎儿、胎衣和羊水中含菌量最多。通过污染的饲料和饮水，经消化道而感染，也可经配种而感染。

(3) 易感动物　本病的感染范围很广，除人和羊、牛、猪最易感外，其他动物如鹿、骆驼、马、犬、猫、狼、兔、猴、鸡、鸭及一些啮齿动物等都可自然感染。猪不分品种和年龄都有易感性，以繁育期的猪发病较多，乳猪和小猪均无临床症状。

(4) 感染率　母猪在感染后4~6个月，有75%可以恢复，不再有活菌存在；公猪的恢复率在50%以下；乳猪感染后到成猪时仅有2.5%带菌。

【临床症状】　感染猪大部分呈隐性经过，少数猪呈现典型症状，表现为流产、不孕、睾丸炎、后肢麻痹及跛行、短暂发热或无热，很少发生死亡。流产可发生于任何孕期，由于猪的各个胎儿的胎衣互不相连，胎衣和胎儿受侵害的程度及时期并不相同，因此，流产胎儿可能只有一部分死亡，而且死亡时间也不同。在妊娠后期（接近预产期）流产时，所产的仔猪可能有完全健康者，也有虚弱者和不同时期死亡者，而且阴道常流出黏性红色分泌物，经8~10天虽可自愈，但排菌时间却较长，需经30天以上才能停止。公猪发生睾丸炎时，呈一侧性或两侧性睾丸硬肿（见图3-51），有热痛，病程长，后期睾丸萎缩，失去配种能力。

【病理剖检变化】　常见的病变是子宫、睾丸、附睾和前列腺等处有脓肿。子宫黏膜的脓肿呈粟粒状、大头针针帽大、灰黄色。公猪发生化脓性、坏死性睾丸炎和附睾炎，切面可见化脓灶及坏死灶（见图 3-52）。淋巴结肿大，变黄且硬，呈弥漫性颗粒样淋巴结炎。流产胎儿和胎衣的病变不明显，偶见胎衣充血、水肿及斑状出血（见图 3-53），少数胎儿的皮下有出血性液体（见图 3-54），腹腔液增多，有自溶性变化。

图 3-51　公猪发生睾丸炎，双侧　　睾丸明显硬肿

图 3-52　左侧小的睾丸纵切面，　　灰色区域为坏死的输精管；　　右侧大的睾丸纵切面，间　　质增生、睾丸炎、输精管　　坏死、睾丸肿大

图 3-53　胎衣呈现明显的　　水肿、出血

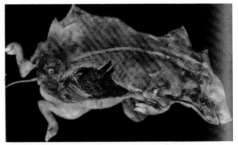

图 3-54　胎儿皮下呈现大面积的　　出血并渗出血性液体

【预防】

1）加强检疫，提倡自繁自养。不从外地购买家畜。新购入的家畜，必须隔离观察 1 个月，并做 2 次布氏杆菌检疫，确认健康后方能合群。每年配种前，种公畜也必须进行检疫，确认健康后方能配种。养殖场每年需

做 2 次检疫，检出的病畜，应严格隔离饲养，固定放牧地点及饮水场，严禁与健康畜接触。

2）定期免疫。在布氏杆菌病常发地区的家畜，每年都要定期预防注射。在检疫后淘汰病畜的基础上，第一年做基础免疫，第二年做加强免疫，第三年做巩固免疫，从而达到净化畜群的目的。

3）严格消毒。对病畜污染的畜舍、运动场、饲槽及各种饲养用具等，用 5% 克辽林（煤焦油皂溶液）或来苏儿溶液、10% ~ 20% 石灰乳、2% 氢氧化钠溶液等进行消毒。流产胎儿、胎衣、羊水及产道分泌物等，更要妥善消毒处理。病畜的皮，用 3% ~5% 来苏儿溶液浸泡 24h 后方可利用。对牛、羊乳汁煮沸消毒，粪便发酵处理，谨防传染给猪群。

4）病畜处理。病畜以淘汰为宜，确需治疗者可在隔离条件下进行。对流产伴发子宫内膜炎或胎衣不下者，经剥离后的病畜，可用 0.1% 高锰酸钾溶液、0.02% 呋喃西林溶液等洗涤阴道和子宫，严重者可用抗生素和磺胺类药物进行治疗。

5）培育健康幼畜。50% 以上的隐性病畜，在良好的隔离条件下，用健康公畜的精液人工授精，从而培育健康幼畜。出生幼畜吃初乳后，应隔离喂给消毒乳和健康乳，经检疫为阴性后，送入健康群，以此达到净化疫场的目的。

【临床用药指南】

1）四环素类抗生素加链霉素治疗。四环素，10 ~ 25mg/kg 体重，每天 2 次内服，21 天为 1 个疗程，可重复 1 ~ 2 个疗程，疗程间隔 5 ~ 7 天。第一疗程时并用链霉素，0.05g/kg 体重，每天 2 次，肌内注射。

2）利福平加多西环素治疗。利福平，成猪每天 1 ~ 2g，分两次喂服，并且每天早晨喂服多西环素，10mg/kg 体重，连服 6 周。

3）磺胺药治疗。复方新诺明，成猪每次 6 片内服，每天 3 次，连服 2 周，以后每天 2 次，3 周为 1 个疗程，可治 2 ~ 3 个疗程，疗程间隔 5 ~ 7 天。用此类药治疗后有一定复发率。

4）对症治疗。除抗生素治疗外，还可对症治疗。如躁动不安者可服用镇静药，关节痛而跛行者可服镇痛药，高烧者可辅以物理降温或服解热类药物等。

对患有慢性布鲁氏杆菌病的猪只，无特效药物治疗，建议淘汰。

七、猪附红细胞体病

附红细胞体是单细胞原虫的一种，属寄生虫，也有人认为是立克次氏体目，乏浆体科，属附红细胞体属，也有人认为是支原体。目前尚未形成共识。一般以寄生宿主命名，但病原的种类与宿主之间的关系不甚清楚，有待进一步研究。其形态呈环状、哑铃状、S形、卵圆形、逗点形或杆状。大小介于0.1～2.6μm。无细胞壁，无明显的细胞核、细胞器，无鞭毛，属原核生物，2800倍显微镜下，可见分布不均的类核糖体。外有一层胞膜，下有微管（透视镜下可见）。

【流行特点】

（1）传染源 患病猪及隐性感染猪是重要的传染源。

（2）传播途径 目前还不十分清楚。猪通过摄食血液或带血的物质，如舔食断尾的伤口、互相斗殴等可以直接传播。间接传播可通过活的媒介如疥螨、虱子、吸血昆虫（如刺蝇、蚊子、蜱等）传播。注射针头的传播也是不可忽视的因素，因为在注射治疗或免疫接种时，同窝的猪往往用一个针头注射，有可能造成附红细胞体的人为传播。附红细胞体可经交配传播，也可经胎盘垂直传播。在所有的感染途径中，吸血昆虫的传播是最主要的。应激是导致本病暴发的主要因素。

（3）易感动物 附红细胞体对宿主的选择并不严格，人、牛、猪、羊等多种动物均可感染，且感染率比较高。猪附红细胞体病可发生于各个年龄段的猪。

（4）发病季节 一般认为附红细胞体病多发生于温暖的夏季，尤其是高温高湿天气。冬季相对较少。

（5）发病率 有人做过调查，各阶段猪的感染率达80%～90%，但以仔猪和育肥猪死亡率较高，母猪的感染也比较严重；人的感染阳性率可达86%；而鸡的阳性率更高，可达90%。但除了猪之外的其他动物发病率都不高。

【临床症状】 猪附红细胞体病因畜种和个体体况的不同，临床症状差别很大。此病主要引起仔猪体质变差、贫血、肠道及呼吸道感染增加；育肥猪日增重下降，急性溶血性贫血；母猪生产性能下降等。

（1）哺乳仔猪 5日龄内发病症状明显，新生仔猪出现身体皮肤潮红、精神沉郁、哺乳减少或废绝、拉稀、急性死亡。一般 7~10 日龄多发，体温升高，眼结膜皮肤苍白或黄染，贫血、四肢抽搐、发抖、腹泻、粪便深黄色或黄色黏稠，有腥臭味（见图 3-55），死亡率为 20%~90%，部分病猪很快死亡。大部分仔猪临死前四肢抽搐或划地，有的角弓反张。部分治愈的仔猪会变成僵猪。

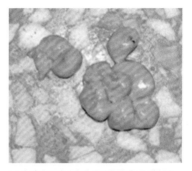

图 3-55　哺乳仔猪排出稀软黏稠呈黄色且有腥臭味的大便

（2）保育猪和肥育猪　根据病程长短不同可分为三种类型：急性型病猪较少见，病程 1~3 天；亚急性型病猪体温升高，达 39.5~42℃，病初精神委顿，食欲减退，颤抖，喜卧，出现便秘，呈算盘珠样干粪，一般无黏液附着（见图 3-56），排黄色或浅黄色尿液（见图 3-57）。病猪耳朵、颈下、胸前、腹下、四肢内侧等部位皮肤红紫，指压不褪色，成为"红皮猪"（见图 3-58、图 3-59）。有的病猪两后肢发生麻痹，不能站立，卧地不起。部分病猪可见耳郭、尾、四肢末端坏死。有的病猪流涎，心悸，呼吸加快，咳嗽，眼结膜发炎，病程 3~7 天，或死亡或转为慢性经过；慢性型患猪体温为 39.5~40.5℃，主要表现贫血和黄疸（见图 3-60），患猪尿呈黄色，大便干如栗状，表面带有黑褐色或鲜红色的血液，生长缓慢，出栏延迟。

图 3-56　保育猪和肥育猪出现便秘，呈算盘珠样干粪且无黏液附着

图 3-57　肥育猪排出浅黄色或黄色尿液

图 3-58　病猪初期表现皮肤发红，即"红皮猪"

图 3-59　病猪发病初期，全身皮肤
表现发红

图 3-60　发病中后期，病猪
贫血、黄疸

（3）母猪　症状分为急性和慢性两种。急性感染的症状为持续高热（体温可高达42℃），厌食，偶有乳房和阴唇水肿，产仔后奶量少，缺乏母性。慢性感染猪呈现衰弱，黏膜苍白及黄疸，不发情或屡配不孕，如有其他疾病或营养不良，可使症状加重，甚至死亡。

【病理剖检变化】　主要病理变化为贫血及黄疸。皮肤及黏膜苍白，血液稀薄、色浅、不易凝固，全身性黄疸，皮下组织水肿，多数有胸水和腹水。心包积液（见图3-61），心外膜有出血点，心肌松弛，色熟

图 3-61　病猪可见不同程度的心包积液

肉样，质地脆弱。肝脏肿大变性呈棕黄色（见图3-62），表面有黄色条纹状或灰白色坏死灶。胆囊膨胀，内部充满浓稠明胶样胆汁。脾脏肿大变软，呈暗黑色（见图3-63），有的脾脏有针头大至米粒大灰白（黄）色坏死结节。肾脏肿大，有微细出血点或黄色斑点（见图3-64）。淋巴结肿大，切面多汁（见图3-65）。

图3-62 肝脏肿大变性呈棕黄色

图3-63 脾脏肿大变软，呈暗黑色

图3-64 肾脏肿大，有数量
不等的微细出血点

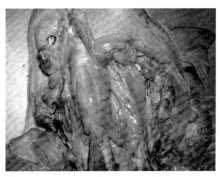

图3-65 下颌和颈浅背侧淋巴结
肿大、出血

可能是附红细胞体破坏血液中的红细胞，使红细胞变形（见图3-66），表面内陷溶血，使其携氧功能丧失而引起猪的抵抗力下降，易并发感染其他疾病。也有人认为变形的红细胞经过脾脏时溶血，也可能导致全身免疫性溶血，使血凝系统发生改变。

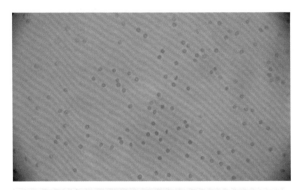

图 3-66　全血经压片镜检，可见红细胞变形
呈锯齿状或星芒状

【类症鉴别】

（1）**与猪瘟的鉴别**　猪瘟流行无明显的季节性，猪瘟弱毒苗通过预防注射可以完全控制流行；猪瘟无贫血和黄疸病症；猪瘟呈现以多发性出血为特征的败血症变化，在皮肤、浆膜、黏膜、淋巴结、肾脏、膀胱、喉、扁桃体、胆囊等组织器官都有出血，淋巴结周边出血是猪瘟的特征性病变；在发生猪瘟时，约有 25%～85% 的病猪脾脏边缘具有特征性的出血性梗死病灶。慢性猪瘟在回肠末端、盲肠，特别是回盲口有许多轮层状溃疡（纽扣状溃疡）。

（2）**与繁殖与呼吸综合征的鉴别**　猪繁殖与呼吸综合征无贫血和黄疸症状。猪繁殖与呼吸综合征呼吸困难明显，剖检肺部有明显的病变。猪附红细胞体病用四环素类抗生素治疗效果好。

【预防】　加强饲养管理，保持猪舍、饲养用具卫生，减少不良应激等是防止本病发生的关键。夏秋季节要经常喷洒杀虫药物，防止昆虫叮咬猪只，切断传染源。在实施诸如预防注射、断尾、打耳号、去势等饲养管理程序时，均应更换器械、严格消毒。引入猪只应进行血液检查，防止引入病猪或隐性感染猪。在本病流行季节给予预防用药，可在饲料中添加土霉素或金霉素，或每千克饲料添加 90mg 阿散酸或 45mg 洛克沙砷，连续使用 30 天。

【临床用药指南】 治疗猪附红细胞体病的药物虽有多种，但真正有效的不多，各种药物对病程较长和症状严重的猪效果都不好。由于猪附红细胞体病常伴有其他继发感染，因此，对其治疗必须附以其他对症治疗的药物，才有较好的疗效。下面是几种常用的药物：

1）血虫净（三氮脒、贝尼尔）。每千克体重用 5～10mg，用生理盐水稀释成 5% 溶液，分点肌内注射，每天 1 次，连用 3 天。

2）咪唑苯脲。1～3mg/kg 体重，每天 1 次，连用 2～3 天。

3）四环素、土霉素。10mg/kg 体重，或金霉素 15mg/kg 体重，口服或肌内注射或静脉注射，连用 7～14 天。

4）新砷凡纳明。按每千克体重 10～15mg，静脉注射，1 次即可，一般 3 天后症状可消失。

八、猪弓形虫病

猪弓形虫病（toxoplasmosis）是由龚地弓形虫引起的一种原虫病。其终末宿主是猫，中间宿主包括许多种动物。人也可感染弓形虫病，这是一种严重的人畜共患病。当带有弓形虫的中间宿主的肉或内脏被终末宿主猫吃后，便在肠壁细胞内开始裂殖生殖，其中有一部分虫体经肠系膜淋巴结到达全身，并发育为滋养体和包囊体。另一部分虫体在小肠内进行大量繁殖，最后变为大配子体和小配子体，大配子体产生雌配子，小配子体产生雄配子，雌配子和雄配子结合为合子，合子再发育为卵囊。随猫的粪便排出的卵囊数量很大。当猪或其他动物吃进这些卵囊后，就可引起弓形虫病。

【流行特点】

（1）传染源 主要是病人、病畜和带虫动物，其血液、肉、内脏等都可能有弓形虫，可从乳汁、唾液、痰、尿和鼻等分泌物中分离出弓形虫；在流产胎儿体内、胎盘和羊水中均有大量弓形虫的存在。如果外界条件利于其存在，就可能成为感染源。据调查，含弓形虫速殖子或包囊（慢殖子）的食用肉类（如猪、牛、羊等）加工不当，是人群感染的主要来源。有生食或半生食习惯的人群，其血清阳性率明显高于一般人群，即可间接证明这一点。被终宿主猫排出的卵囊污染的饲料、饮水或食具均可成为人、畜感染的重要来源。

（2）**易感动物** 人、畜、禽和多种野生动物对弓形虫均具有易感性，其中包括200余种哺乳动物、70种鸟类、5种变温动物和一些节肢动物。在家畜中，弓形虫对猪和羊的危害最大，尤其对猪，可引起暴发性流行和大批死亡。

（3）**感染途径** 以经口感染为主，动物之间相互捕食或食用了未经熟化的肉类，为本病感染的主要途径。此外，也可经损伤的皮肤和黏膜感染。在妊娠期感染本病后，可能通过胎盘感染胎儿，胎盘感染为先天性感染的主要原因，胎儿也可通过摄入羊水而被感染。

（4）**感染季节** 人群弓形虫的感染率一般在温暖潮湿地区、较寒冷干燥地区为高。对于人群发病季节的规律尚无资料记载。家畜弓形虫病一年四季均可发病，但一般以夏、秋季居多。云南牛弓形虫病的发病季节十分明显，多发生于每年气温在25~27℃的6月份。我国大部分地区猪的发病季节在每年的5~10月份。

（5）**发病率** 我国猪弓形虫病分布十分广泛，全国各地均有报道。且各地猪的发病率和病死率均很高，发病率可高达60%，病死率可高达64%。10~50kg的仔猪发病尤为严重。

【临床症状】 病猪突然废食，体温升高至41℃以上，稽留7~10天。呼吸急促，呈腹式或犬坐式呼吸；流清鼻涕；眼内出现浆液性或脓性分泌物。常出现便秘，呈粒状粪便，外附黏液，有的患猪在发病后期拉稀，尿呈橘黄色。少数病猪发生呕吐。患猪精神沉郁，显著衰弱。发病后数日出现神经症状，后肢麻痹。随着病情的发展，在耳、鼻端、下肢、股内侧、下腹等处出现紫红斑或间有小点出血。有的病猪在耳郭上形成痂皮，耳尖发生干性坏死。最后因呼吸极度困难和体温急剧下降而死亡。孕猪常发生流产或死胎。有的发生视网膜脉络炎，甚至失明。有的病猪耐过急性期转为慢性，外观症状消失，仅食欲和精神稍差，最后变为僵猪。

【病理剖检变化】 病猪全身淋巴结肿大，轻度出血（见图3-67、图3-68），有小点坏死

图3-67　腹股沟淋巴结肿胀、出血

灶。肺高度水肿，小叶间质增宽，其内充满半透明胶冻样渗出物（见图 3-69、图 3-70）；气管和支气管内有大量泡沫和黏液（见图 3-71），有的并发肺炎；脾脏肿大，呈棕红色（见图 3-72）；肝脏呈灰红色，散在有小点坏死灶（见图 3-73）。肾脏出血，其表面和切面有针尖状出血点（见图 3-74）；心包、胸腔和腹腔内有多量渗出液（见图 3-75、图 3-76、图 3-77）；肠道重度充血，肠黏膜上常可见到扁豆大小的坏死灶；胃黏膜潮红、出血（见图 3-78）。

图 3-68　肺门淋巴结高度肿胀，
　　　　　严重出血

图 3-69　肺脏高度水肿，间质
　　　　　增宽，其内充满半透明胶
　　　　　冻样渗出物

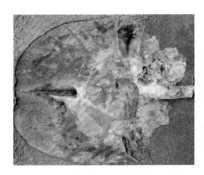

图 3-70　肺脏瘀血、出血，严重
　　　　　水肿，小叶间质增宽

图 3-71　气管内有多量泡沫状渗出物

图 3-72　脾脏肿大、出血，呈棕红色

图 3-73　肝脏肿大、瘀血、出血，
　　　　　呈灰红色

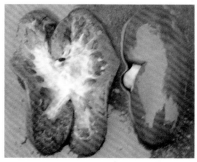

图 3-74　肾脏出血，其表面
　　　　　和切面有针尖状出血点

图 3-75　心脏积血、扩张，
　　　　　心包有浅黄色积液

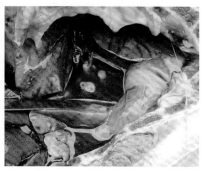

图 3-76　胸腔内有多量渗出液

图 3-77　腹腔有数量不等的浅黄色积液　　图 3-78　胃黏膜充血潮红，甚至出血

【病理组织学变化】　弓形虫病病理组织表现为网状内皮细胞和血管结缔组织细胞坏死，有时有肿胀细胞的浸润；弓形虫的速殖子位于细胞内或细胞外。急性病变主要见于仔猪。慢性病例可见有各脏器的水肿，并有散在的坏死灶；病理组织学变化为明显的网状内皮细胞的增生，淋巴结、肾脏、肝脏和中枢神经系统等处更为显著，但不易见到虫体。慢性病变常见于年龄大的猪只。隐性感染的病理变化主要是在中枢神经系统（特别是脑组织）内见有包囊，有时可见有神经胶质增生性和肉芽肿性脑炎。

【诊断】　根据流行特点和病理变化可初步诊断，确诊需进行实验室检验。在剖检时取肝脏、脾脏、肺脏和淋巴结等做成抹片，用姬姆萨或瑞氏染色，于油镜下可见月牙形或梭形的虫体，核为红色，细胞质为蓝色，即为弓形虫。

【类症鉴别】

（1）与猪丹毒的鉴别　急性败血型猪丹毒病猪皮肤外观发红不发紫，与弓形虫病相比，病猪的粪便初软或干后腹泻，内无黏液或血液，无呼吸困难症状。对于亚急性病例，主要表现为皮肤出现方形、菱形的疹块，突起于皮肤表面。剖检可见脾脏呈樱桃红色或暗红色，肾脏明显肿大呈紫红色，胃底黏膜严重出血。慢性病例可见心瓣膜有菜花样赘生物。

（2）与猪瘟的鉴别　猪瘟病猪全身性皮肤发绀，不见咳嗽、呼吸困难症状。剖检可见肾脏、膀胱有点状出血，脾脏有出血性梗死，慢性的病例可见回盲瓣处纽扣状溃疡。肝脏无灰白色坏死灶，肺脏不见间质增宽，无胶冻样物质。

(3) 与猪肺疫的鉴别 除了有高热、皮肤发红、发绀外，在猪肺疫中也可见到呼吸困难。但是胸部听诊可以听到胸膜摩擦音，叩诊肋部疼痛，剧烈咳嗽，呈犬坐、犬卧姿势。剖检可见肺被膜粗糙，有纤维素性薄膜，肺切面呈暗红色和浅黄色如大理石样花纹。

(4) 与猪链球菌病（败血型）**的鉴别** 根据不同的病型，可表现出多种症状，如关节炎、跛行，神经型的可出现共济失调、磨牙、昏睡等神经症状。剖检可见脾脏肿大1～3倍，呈暗红或蓝紫色。肾脏肿大，充血、出血，少数肿大1～2倍。

(5) 与猪附红细胞体病的鉴别 猪附红细胞体病病猪表现为咳嗽、气喘。排干粪无黏液。病初皮肤可表现发红，中期贫血发白，后期皮肤发紫。可视黏膜先充血后苍白，轻度黄染，血液稀薄。剖检时血液凝固不良，肺脏轻度瘀血、出血，肝脏表面有黄色条纹坏死区。

【**预防**】 已知弓形虫病是由于摄入猫粪便中的卵囊而遭受感染的，因此，猪场内应严禁养猫并防止猫进入圈舍；严防饮水及饲料被猫粪直接或间接污染。控制或消灭鼠类。大部分消毒药对卵囊无效，但可用蒸汽或加热、火烧等方法杀灭卵囊。应将血清学检查为阴性的家畜作为种畜。英国有人用色素试验进行调查，其结果表明，与动物接触的人群弓形虫血清阳性率很高，因此推断动物在弓形虫病的流行上起着重要的作用，动物可能是人群弓形虫病的贮藏宿主。人们对此应予以足够的重视。

【**临床用药指南**】 防治本病多用磺胺类药物：磺胺嘧啶70mg/kg体重和乙胺嘧啶6mg/kg体重联合应用，每天内服2次（首次加倍），连用3～5天；磺胺-6-甲氧嘧啶60mg/kg体重，肌内注射，每天1次，连用3～5天；增效磺胺-5-甲氧嘧啶（含2%的三甲氧苄啶）0.2mL/kg体重，每天1次肌内注射，连用3～5天；磺胺甲基异噁唑100mg/kg体重，每天内服1次，连用2～3天。

不给猪喂生碎肉。禁止猫接近猪舍，饲养人员也应避免与猫接触。

九、猪维生素A缺乏症

猪维生素A缺乏症（Vitamin A deficiency）是猪维生素缺乏的常见病之一。多是因为猪发生慢性肠道疾病时而发生维生素A缺乏症。主要表现为明显的神经症状，头颈向一侧歪斜，步样蹒跚，共济失调，不久即倒地并发出尖叫声。治疗可以直接补充维生素 A，保持饲料中有足够的维生素 A。

【流行特点】

（1）发病原因 猪维生素 A 缺乏症是体内维生素 A 或胡萝卜素长期摄入不足或吸收障碍所引起的一种慢性营养缺乏症。饲料中胡萝卜素或维生素 A 受日光曝晒、酸败、氧化等，饲料单一或配合日粮中维生素 A 的添加量不足均会引起本病。母乳中维生素 A 含量低下、过早断奶可引起仔猪维生素 A 缺乏。机体维生素 A 或胡萝卜素的吸收、转化、储存、利用发生障碍是内源性病因。妊娠、哺乳期母猪及生长发育快的仔猪对维生素 A 需要量增加，或长期腹泻、患热性疾病，维生素 A 排出和消耗增多，均可引起维生素 A 缺乏。此外，饲养管理不当、猪只缺乏运动等因素亦可促进发病。

（2）发病特点 猪维生素 A 缺乏时以夜盲、眼干燥症、角膜角化不全、生长缓慢、繁殖机能障碍及脑和脊髓受压为特征，仔猪及育肥猪易发，成猪少发。

【临床症状】 呈现明显的神经症状，头颈向一侧歪斜，步样蹒跚，共济失调，不久即倒地并发出尖叫声。目光凝视，瞬膜外露，继发抽搐，角弓反张，四肢呈游泳状。有的表现皮脂溢出，周身表皮分泌褐色渗出物，可见夜盲症。视神经萎缩及继发性肺炎。育成猪后躯麻痹，步态蹒跚。后躯摇晃，后期不能站立，针刺反应减退或丧失。母猪发情异常、流产、死产、胎儿畸形，如无眼、独眼、小眼、腭裂等（见图 3-79）；哺乳仔猪的蹄壁内出血，且蹄壁和蹄冠易出现损伤（见图 3-80）。公猪睾丸退化缩小，精液质量差。

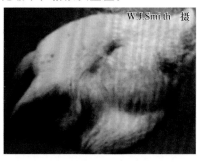

图 3-79 维生素 A 缺乏时，在妊娠早期胎儿发育畸形，引起小眼症

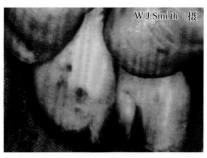

图 3-80 乳猪蹄壁内出血，且蹄壁和蹄冠出现损伤

皮肤角化增厚，骨骼发育不良，眼结膜干燥，视乳头水肿，视网膜变性，妊娠母猪胎盘变性，公猪睾丸缩小。

【病理剖检变化】 临诊病理学检查血浆、肝脏、饲料中的维生素 A 降低，其正常值：血浆 0.88mol/L，临界值为 0.25~0.28mol/L，低于 0.18mmol/L 可出现临诊症状。肝脏维生素 A 和 β-胡萝卜素分别为 60mg/g 和 4mg/g 以上，临界值分别为 2mg/g 和 0.5mg/g，低于临界值即可发病。

【预防】 主要是保持饲料中有足够的维生素 A，日粮中应有足量的青绿饲料、优质干草、胡萝卜、块根类等富含维生素 A 的饲料。妊娠母猪需在分娩前 40~50 天注射维生素 A 或内服鱼肝油、维生素 A 油剂，可有效地预防初生仔猪的维生素 A 缺乏。

【临床用药指南】 首先应查明病因，治疗原发病，同时改善饲养管理条件，加强护理。其次要调整日粮组成，增补富含维生素 A 和胡萝卜素的饲料，如胡萝卜、黄玉米，也可补充鱼肝油。

药物治疗，首选维生素 A 制剂和富含维生素 A 的鱼肝油。

维生素 AD 滴剂：仔猪 0.5~1mL/kg 体重，成年猪 2~4mL/kg 体重，口服。

浓鱼肝油：0.4~1.0mL/kg 体重，内服。

鱼肝油：成年猪 10~30mL/kg 体重，仔猪 0.5~2mL/kg 体重，内服。

十、猪维生素 E 缺乏症

【流行特点】 维生素 E 缺乏症（Vitamin E deficiency）是由于饲料中维生素 E 不足所致的一种营养代谢障碍综合征。尽管维生素 E 缺乏与硒缺乏在病因、发病机理、疾病类型、防治效果等方面有许多共同之处，但由于维生素 E 在动物营养上有硒所不能替代的生物学功能，故维生素 E 缺乏作为一种独立的疾病综合征仍有别于硒缺乏症。

【临床症状】 维生素 E 缺乏会使体内不饱和脂肪酸过度氧化，细胞膜和溶酶体膜受损伤，释放出各种溶酶体酶，如葡萄糖醛酸酶、组织蛋白酶等，导致器官组织发生变性等退行性病变。表现为血管机能障碍，如孔隙增大、通透性增强等，血液外渗（渗出性素质），神经机能失调（抽搐、痉挛、麻痹），繁殖机能障碍，公猪睾丸变性、萎缩，精子生成障碍，出现死精等。母猪卵巢萎缩、性周期异常、生殖系统发育异常、不发情、不排卵、不受孕以及内分泌机能障碍等，临床上母猪受胎率下降，出现胚胎死亡、流产。仔猪主要呈现肌营养不良，肝脏变性、坏死，桑葚心以及胃溃疡等病变，表现为食欲减退，呕吐，腹泻，不愿活动，喜躺卧，步态强拘或跛行，后躯肌肉萎缩，呈现轻瘫或瘫痪状，耳后、背腰和会阴部出现瘀血斑，腹下水肿（见图3-81）。心跳加快，有的呼吸困难，皮肤、黏膜发绀或黄染，生长发育缓慢。长期饲喂鱼粉的猪，由于维生素 E 缺乏，进入体内的不饱和脂肪酸氧化形成蜡样质，引起黄脂病。母猪乳中维生素 E 缺乏易引起哺乳仔猪运动失调和发生白肌病等。

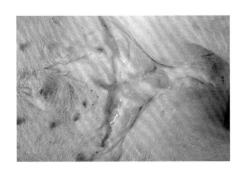

图 3-81　腹部及两后肢内侧皮下水肿

【病理剖检变化】

（1）**肌营养不良**　剖检可见骨骼肌，特别是后躯臀部肌肉和股部肌肉色浅，呈灰白色条纹（见图3-82），膈肌呈喷射状条纹，切面粗糙不平，有坏死灶。心包积液，心肌色浅，尤以左心肌变性最为显著。

（2）**营养性肝病**　剖检可见皮下组织跟内脏黄染，急性病例的肝脏呈紫红色，肿大 1～2 倍，质脆易碎，呈豆腐渣样（见图3-83）。慢性病例的肝脏表面凹凸不平，畸形肝小叶和坏死肝小叶混杂存在，体积缩小，质地变硬。

（3）**桑葚心**　剖检可见心肌雀斑状出血，心肌红斑密集于心外膜和心内膜下层，使心脏在外观上呈紫红色的草莓或桑葚状（见图3-84）。逐渐衰竭，肺水肿（见图3-85），胃肠壁水肿，体腔内积有大批易凝固的渗出液。胸腹水明显增多，透明，浅黄色（见图3-86、图3-87）。

图 3-82 骨骼肌特别是后躯臀部肌肉和
股部肌肉色浅，会阴部呈紫红色

图 3-83 肝脏肿大、质脆，呈
暗红色

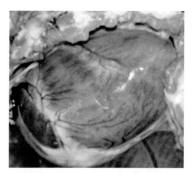

图 3-84 桑葚心，心肌雀斑状出
血呈紫红色的草莓或桑葚状

图 3-85 肺脏瘀血、水肿

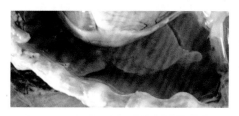

图 3-86 胸腔积有浅黄色的液体

图 3-87 腹腔积有浅黄色的液体

【预防】 维生素 E 的需要量是：4.5～14kg 的仔猪以及妊娠母猪和泌乳母猪为每千克饲料 22 国际单位，其他猪为每千克饲料 11 国际单位。

【临床用药指南】 主要应用维生素 E 制剂，醋酸生育酚：仔猪 0.1～0.5g/头，皮下或肌内注射，每天或隔天 1 次，连用 10～14 天。维生素 E：仔猪可按 10～15mg/kg 体重添加于饲料中饲喂。亚硒酸钠：亚硒酸钠注射液（0.1%），成年猪 10～15mL，6～12 月龄猪 8～10mL，2～6 月龄猪 3～5mL，仔猪 1～2mL，肌内注射。此外，妊娠母猪可应用维生素 E 或亚硒酸钠进行预防注射。

十一、猪硒缺乏症

猪硒缺乏症（selenium deficiency）是一种营养代谢障碍性疾病，是由于猪缺乏硒元素而引起的，病猪的骨骼肌、心肌都会有相应的病变。

【流行特点】

（1）地区性 在地表土壤中硒的含量不同，所以在贫硒地区，根据土壤含量可分重病区、轻病区和非病区，中国黑龙江、甘肃、云南等省重病区面积较大。

（2）季节性 每年发病均可出现明显的季节性，特别是北方寒冷地区，由于漫长的冬季饲养，又缺乏青绿饲料，易造成某些营养的缺乏或失调。此外与年度的波动如各年的气候、雨量等自然环境有关，丰收年少发，灾年多发。所以在流行病学上表现出缺硒病的生物地理化学性流行病，缺硒地区常发生本病。

（3）群体选择性 具有明显的年龄特点，尽管成年与幼龄阶段的猪均有发病，但主要是仔猪发病多，据徐照极（1980）在曙光农场猪群 1963—1978 年猪白肌病年龄统计结果：出生后 2 月龄间哺乳仔猪发病率为 21.37%，2～4 月龄断奶仔猪为 10.7%，而育肥猪、成年猪仅为 8.4%。

纯种猪和改良杂种猪比本地猪种对硒的缺乏更敏感，易于患病。同窝仔猪发育良好的个体多发，而且发病急、病情重（常突发心源性休克而急死）。

（4）应激因素 应激可促进本病的暴发流行，本病多发区因含硒量不足，猪处于亚临床症状阶段，一旦因气候、饲料等突变，疫苗注射等因素的作用，可发生本病的暴发流行，养猪生产中应特别注意。

【临床症状】 依经过可分急性、亚急性和慢性型，依发生的器官可分为白肌病（骨骼肌型）、心肌变性（桑葚型）和肝坏死型。

病猪体温一般在正常范围之内，发病时精神沉郁，以后则卧地不起，继而昏睡，食欲一般减低，严重者废绝。眼结膜充血，偶见眼睑浮肿。病初白毛猪皮肤可见粉红色，随病程进展逐渐转为紫红或苍白（见图3-88），颈下、胸下、腹下及四肢内侧皮肤常发绀。仔猪喜卧，起立困难，兴奋，转圈，触之尖叫，腹部、皮下水肿，步态僵硬，四肢麻痹等。

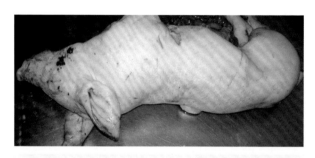

图3-88 病死猪膘情中等偏上，全身皮肤呈现苍白状态

骨骼肌型的病猪，初期行走时后躯摇晃或跛行，严重时则后肢瘫痪，前肢跪地行走，强行起立时则见肌肉战栗，常发出嘶哑的尖叫声。

心肌变性的病猪听诊时有出现心率加快、心律不齐等变化。

渗出性素质的病猪，可见皮下浮肿，育肥猪因缺硒引起广泛肌肉变性坏死时，可出现肌红蛋白尿。

【病理剖检变化】 主要表现为骨骼肌、心肌、肝脏的变性坏死，胰腺的变性、纤维化等病变。骨骼肌苍白色，呈煮肉或鱼肉样外观，并有灰白或黄白条纹或斑块状变性、坏死区。一般以背腰、臀、腿肌变化最明显，且呈双侧对称性发生，病变肌肉水肿、脆弱（见图3-89、图3-90）。心脏呈圆球状，因心肌和动脉及毛细血管受损，致沿心肌纤维走向的毛细血管多发性出血，心脏呈暗红色，故称桑葚心（见图3-91）。肝脏变化，急性型，红褐色健康小叶和出血性坏死小叶及浅黄色缺血性坏死小叶相互混杂，构成彩色斑斓样的镶嵌式外观，通常称为"槟榔肝"或"花肝"

（见图 3-92）；慢性型，出血部位呈暗红褐色，坏死部位萎缩，结缔组织增生形成瘢痕，以致肝脏表面粗糙、凸凹不平。

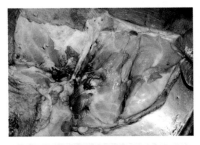

图 3-89　后肢半腱肌和半膜肌
呈现鱼肉样外观

图 3-90　背腰部和后肢的股四头
肌等臀部肌肉发白呈煮肉状

图 3-91　桑葚心，心脏呈圆球状，
暗红色，间有变性的白色心肌纤维

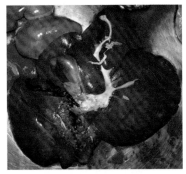

图 3-92　"槟榔肝"，肝脏充
血、出血、变性、坏死

【预防】　一般认为，全血硒含量低于 0.05×10^{-6} 为缺硒，饲料中含硒量低于 0.05×10^{-6} 会引起发病。仔猪日粮中含硒量应达到 0.3×10^{-6} 左右，妊娠母猪日粮中含硒量应达到 0.1×10^{-6} 以上。

采取在饲料中添加硒或补加含硒和维生素 E 的饲料添加剂，饲料中加亚硒酸钠 0.022g/kg、维生素 E 2～2.5g。对低硒地区的母猪，妊娠后期（分娩前 2～3 周），0.1% 亚硒酸钠注射液 10～15mL、维生素 E 500～1000mg，注射 1 次。

【临床用药指南】 主要以肌内注射为主，0.1%亚硒酸钠注射液，仔猪0.5～2mL/次，在首次注射后，经3～7天再注射1次效果更佳；育成猪、肥猪、母猪一般注射10～15mL。临诊上通常将维生素E作为防治硒缺乏症的辅助药物与亚硒酸钠合并使用，可明显提高防治效果。亚硒酸钠维生素E注射液，每毫升含维生素E 50单位，含硒1mg，肌内注射仔猪1～2mL/次。并多喂小麦和麸皮（富含硒和维生素E），注意合理调配饲料。

第四章

神经、运动系统疾病的鉴别诊断与防治

第一节 神经、运动系统疾病的概述及发生因素

一、概述

神经系统是机体最广泛、最精密的控制系统，也是整个机体的指挥机构。体内各器官和系统在神经系统的直接或间接调控下统一协调地完成整体功能活动，并对体内外各种环境变化做出迅速而完善的适应性改变，共同维持正常的生命活动。猪神经、运动系统疾病主要有猪传染性脑脊髓炎、猪狂犬病、仔猪水肿病、猪链球菌病、李氏杆菌病、破伤风、猪肉毒梭菌中毒、仔猪白肌病、中暑等。多种因素可引发神经、运动系统疾病，包括理化因素、体内代谢毒素、营养因素、遗传因素、血液循环障碍等。主要的临诊症状包括嗜睡、昏迷、狂躁不安、痉挛、惊厥、瘫痪、昏迷、强制性运动、共济失调等。

二、疾病发生的因素

能够引起神经、运动症状的病因多而复杂，综合考虑，可以把它概括为以下几类：

(1) 生物性因素 包括病毒（如狂犬病病毒、乙型脑炎病毒、伪狂犬病病毒、猪肠病毒、冠状病毒、猪瘟等）、细菌（如李氏杆菌、大肠杆菌等）。除引起神经系统病变外，还引起猪的运动障碍。此外，一些毒素（如肉毒梭菌毒素、破伤风毒素等）、某些细菌（如败血型链球菌、副猪嗜血杆菌等）、肿瘤（如神经胶质细胞瘤、纤维瘤等）、寄生虫（如弓形虫、囊尾蚴等）均可引起猪的神经系统疾病；口蹄疫病毒、水疱病病毒

等也能引起猪的运动系统疾病。

（2）营养因素　如维生素类，维生素 A、维生素 E、维生素 B 族缺乏等不仅可造成猪神经系统的损害，也会引起运动障碍；日粮中若缺乏维生素 D，除发生与钙磷缺乏相同的症状外，还易引起猪的四肢跛行，严重者关节肿大、麻痹，甚至瘫痪。若日粮缺乏泛酸，则猪只生长发育缓慢、运动失调，表现为腿内弯。若日粮中缺乏维生素 H，可造成母猪后腿痉挛、蹄开裂；微量元素铜、硒等缺乏，能引起神经细胞变性、坏死、脱鞘、神经萎缩等。

（3）饲养管理因素　包括外源性毒物（如一氧化碳、氨气、酒糟、有机磷农药、马铃薯、霉变饲料、铅、砷、汞、锑以及食盐等）引起的中毒，另外还有胃、肠、肝脏、肾脏等疾病引发的自身中毒。以上均可引起猪神经系统器质性损害机械损伤以及感染。还包括强烈的刺激引起的反射异常，如恐惧引起兴奋不安，剧烈疼痛引起休克或昏厥等。

第二节　神经、运动系统疾病的诊断思路及鉴别诊断要点

一、诊断思路

引起猪神经、运动系统疾病的病因很多，包括传染病、中毒病、各系统疾病、代谢病、寄生虫病等。在临床诊断时，首先看发病猪出现症状的日龄，然后再根据其症状进行鉴别诊断。神经、运动系统功能异常的诊疗十分复杂，主要的诊断思路见表4-1。

表4-1　猪神经、运动系统疾病的诊断思路

所在系统	损伤部位	临床表现	初步印象诊断
神经支配系统	中枢神经	脑充血、脑瘀血	猪传染性脑脊髓炎、伪狂犬病、李氏杆菌病等
		脑血栓	流行性脑脊髓膜炎、贫血、外伤等
		脑水肿和出血	脑膜脑炎、水肿病、炭疽、脑炎、各种化脓性脑病变以及颅部外伤

（续）

所在系统	损伤部位	临床表现	初步印象诊断
运动系统	关节	肿大、麻痹、瘫痪	缺乏维生素 D
	骨骼	腿内弯	缺乏泛酸
		后腿痉挛、蹄开裂	缺乏维生素 H
		骨质疏松、骨骼畸形	日粮中缺锰
		佝偻病、软骨症	缺乏钙、磷
	肌肉	共济失调	猪瘟、伪狂犬病、猪肠病毒、大肠杆菌等

二、鉴别诊断要点

引起猪神经、运动障碍的常见疾病鉴别诊断要点见表4-2。

表4-2 引起猪神经、运动障碍的常见疾病鉴别诊断要点

病名	易感日龄	流行季节	群内传播	发病率	病死率	典型症状	脑部	肌肉肌腱	关节肿胀	关节腔	骨、关节软骨
猪传染性脑脊髓炎	1月龄	冬春	慢	低	高	体温高、运动失调，先兴奋后麻痹	脑膜水肿、充血	肌肉萎缩	正常	正常	正常
狂犬病	不分年龄	无	慢	高	100%	兴奋、狂暴	有核内包涵体	肌肉痉挛	正常	正常	正常
仔猪水肿病	1~2月龄	春秋	快	高	高	全身水肿	脑脊髓水肿	肌肉抽搐	肿大	肿大	正常

(续)

病名	易感日龄	流行季节	群内传播	发病率	病死率	典型症状	脑部	肌肉肌腱	关节肿胀	关节腔	骨、关节软骨
链球菌病	不分年龄	7~10月	较快	较高	低	体温升高、咳喘	正常	正常	关节炎	化脓	正常
李氏杆菌病	断奶前后仔猪	冬季	慢	散发	较高	抽搐尖叫、吐白沫	脑脊液增多	抽搐	正常	肿大	正常
破伤风	不分年龄	春耕及秋收	慢	低	高	牙关紧闭、口吐白沫	脑部正常	肌肉痉挛	正常	正常	正常
肉毒梭菌中毒	不分年龄	温暖季节	慢	低	高	运动麻痹	无眼观病变	肌肉麻痹	正常	正常	正常
仔猪白肌病	20~90日龄	3~4月	慢	低	高	起立困难	正常	麻痹	正常	正常	正常
中暑	不分年龄	盛夏炎热季节	慢	高	不高	心跳加快、呼吸困难	正常	正常	正常	正常	正常

第三节 常见疾病的鉴别诊断与防治

一、猪传染性脑脊髓炎

猪传染性脑脊髓炎（swine infectious encephalomyelitis，SIE）是由小核糖核酸病毒科肠道病毒属病毒引起的一种接触性传染病。主要引起猪脑脊髓炎、母猪繁殖障碍、肺炎、下痢、心包炎和心肌炎。以侵害中枢神经系统引起共济失调、肌肉抽搐和肢体麻痹等一系列神经症状为主要特征。

【流行特点】

（1）易感动物 猪传染性脑脊髓炎仅发生于猪和野猪，不同年龄阶段和品种的猪均可发生，特别是4～5周龄的仔猪最易发生，成年猪多呈隐性感染。该病传播较慢，散发，其发病率约为50%，病死率为70%～90%。

（2）传染源 病猪和带毒猪是该病主要传染源。

（3）传播途径 病毒在肠道内繁殖，大量病毒随粪便排出，主要通过被污染的饲料、饮水及饲养工具等经消化道传染，也可通过呼吸道进行传染，被感染的猪主要是断奶仔猪和生长期幼仔猪，成年猪具有较高的抗体水平。

（4）发病区域 该病在新疫区的发病率和死亡率都较高，老疫区主要多呈散发流行。

【临床症状与病理变化】 发病初期，病猪体温升高达40～41℃，精神沉郁，采食量下降，随着病情的发展，出现神经症状，眼球震颤，肌肉抽搐，共济失调（见图4-1），有时呈坐姿，或侧面躺下，感觉比较敏感，当受到响声及触摸的刺激时，可引起四肢不协调运动或颈后弯曲，并有尖叫声，患猪出现临床症状后3～4天死亡，死亡率高达70%，少数猪可缓慢恢复，但都会留下肌肉萎缩和麻痹等后遗症。

剖检可见，病变主要分布在脊髓腹角、小脑灰质和脑干，脑和脑膜充血、水肿，组织学变化为非化脓性脑脊髓炎变化（见图4-2），以脊髓炎症最为严重，灰质部分的神经细胞变性和坏死，小血管周围有大量淋巴细胞浸润，形成明显的管套现象，心肌和骨骼肌萎缩，有时可见心肌炎。

图 4-1　出现神经症状，眼球震颤，肌肉抽搐，共济失调

图 4-2　脑和脑膜充血、水肿，呈现非化脓性脑脊髓炎变化

【类症鉴别】

（1）**与伪狂犬病的鉴别**　伪狂犬病能侵害各种家畜及野生动物，特别是妊娠母猪感染后，易发生流产或产木乃伊胎、死胎和无生活能力的胎儿，而哺乳仔猪患病后主要表现为呕吐、呼吸困难、腹泻及神经症状（初期呈兴奋状态，后期麻痹）。猪传染性脑脊髓炎的神经症状，主要是运动失调，感觉比较敏感，当受到响声或触摸的刺激时，可引起四肢不协调运动，并有尖叫声，当受到噪声影响时容易产生强烈的反应。

（2）**与李氏杆菌病的鉴别**　李氏杆菌病是一种引起家畜、家禽、鼠类及人共患的传染病，猪感染后多呈败血症（妊娠母猪发生流产）或中枢神经功能障碍症状，一般呈散发性。临床上主要表现为：呼吸困难，皮肤呈蓝紫色，并伴随腹泻，发病率低，但死亡率却很高，若出现神经症状，其脑脊液增多、稍浑浊，脑干变软，脑血管周围有中性粒细胞形成的细胞浸润，肝脏明显坏死，与猪传染性脑脊髓炎有明显区别。

（3）**与猪血凝性脑脊髓炎的鉴别**　猪血凝性脑脊髓炎与猪传染性脑脊髓炎症状较为相似，特别是都发生脑炎型时。但是，猪血凝性脑脊髓炎多数是由于引进新猪所引起，主要发生于 15 日龄以内的仔猪，一般侵害猪群中一窝或几窝乳猪之后，即可自然停止流行。临床上主要表现为呕吐、嗜睡、便秘，随后才出现神经症状，多数患猪的体温却不升高，猪血凝性脑脊髓炎病毒对鸡、老鼠、仓鼠及火鸡的红细胞有凝集和吸附作用，而猪传染性脑脊髓炎却无上述特点。

【预防】

1）加强饲养管理。及时清扫圈舍内外的粪便及其他异物，认真执行消毒制度，轮换使用20%漂白粉或次氯酸钠对猪圈舍及走道进行彻底消毒，并且使用漂白粉对饮水进行消毒，特别要注意引进种猪时需进行严格的检疫，以防止引入带病种猪。给猪群提供优质的饲料，加强防寒保暖工作，不断增强猪群抵抗力。定期在猪场内外进行灭鼠工作，并将老鼠做深埋处理。在猪传染性脑脊髓炎疫区，要对全部猪只接种猪传染性脑脊髓炎弱毒疫苗或灭活苗，免疫期6个月以上，保护率在80%以上。另外，由于猪传染性脑脊髓炎的血清型较多，因此在生产中建议使用多种血清型的联合疫苗进行预防。

2）及时淘汰病猪。若发现疑似病例，经确诊后，应立即予以淘汰，并且做无害化深埋处理。

【临床用药指南】

1）该病目前尚无特效的治疗药物和方法，对于疑似病猪，立即淘汰，必要时隔离观察和治疗，使用20%的磺胺嘧啶钠注射液（0.5～1mL/kg体重），或与庆大霉素（1～2g/kg体重）或氨苄西林（4～11g/kg体重）混合使用，也能收到较好的效果。

2）饮水中添加金霉素粉，添加2～5mg/kg体重，分2次灌服。

3）若病猪兴奋不安，可内服水合氯醛，1g/kg体重，溶于水后用胃管投药。

二、猪狂犬病

猪狂犬病（rabies）是由弹状病毒引起的一种急性人畜共患传染病。其临床特征为兴奋和意识障碍，继之出现局部或全身麻痹而死。病死率很高。该病遍及全球。随着集约化养猪业的发展，大大地减少了各种带毒动物与猪接触的机会。散养方式易发生该病。

【流行特点】

（1）易感动物 感染所有温血动物，包括人。可粗分为城市型狂犬病和野生动物型狂犬病，前者以狗为主。猪只是其中的一种易感动物。

（2）传染源 主要是患狂犬病的狗、其他家畜和野生食肉目动物，如狼等。

（3）传播途径 该病主要通过患病动物直接啃咬传播。被狂暴期病犬、病畜啃咬过的玻璃片、木片、金属片等刺伤也可能感染发病。有损伤的皮肤或黏膜，如果接触到被患病动物啃咬过的物体而传播。创伤的皮肤黏膜接触患病动物的唾液、血液、尿、乳汁也可感染。该病还可经呼吸道和消化道感染。

（4）发病区域 该病遍及世界许多国家，一般呈现零星散发，病死率极高。

【临床症状与病理变化】 潜伏期 12～98 天，一般为 2 个月，体温无明显变化。猪感染该病后的典型临床经过为突然发病，共济失调，对外界反应迟钝、衰竭。出现临床症状后 72h 内死亡。其典型症状为用吻突不停地拱地、横冲直撞，后卧地不起，不停地咀嚼、流涎，伴有阵发性肌肉痉挛，叫声嘶哑，偶尔攻击人畜。典型病例的临床表现可分以下 3 个时期。

（1）前驱期 在兴奋状态出现前，大多数病畜有低热、食欲不振、呕吐等症状，继而出现恐惧不安，对声、光、风、痛等较敏感。

（2）兴奋期 病畜逐渐进入高度兴奋状态，其突出表现为极度恐怖、恐水、怕风、发作性咽肌痉挛、呼吸困难、排尿排便困难及流涎等；极度恐惧和烦躁不安，有横冲直撞的行为。

（3）麻痹期 痉挛停止，病畜渐趋安静，但出现弛缓性瘫痪，眼肌、面部肌肉及咀嚼肌也可受累，表现为斜视、眼球运动失调、下颌下坠等，最后麻痹死亡。

【类症鉴别】

（1）与破伤风的鉴别 破伤风的潜伏期短，有牙关紧闭及角弓反张而无恐水症状。

（2）与脊髓灰质炎的鉴别 脊髓灰质炎无恐水症状，肌肉疼痛较为显著，瘫痪时其他症状大多消退。

（3）与病毒性脑膜脑炎的鉴别 病毒性脑膜脑炎有严重神志改变及脑膜刺激征。做病原学和病理组织学检查有助于鉴别。已在发作阶段的，根据被狗或猫咬伤史、咬人动物已确定有狂犬病以及突出的临床表现，如恐惧和烦躁不安，有横冲直撞、攻击人畜、兴奋躁动、恐水怕风、咽喉痉挛、各种瘫痪等症状，即可做出诊断。

【预防】

1）强制免疫接种疫苗。免疫接种是防控狂犬病的最有效方法，要对所养的犬进行100%的免疫注射，发放家犬免疫证和免疫牌，凭一证一牌办理准养证，持证饲养。

2）管理传染源。捕杀所有野犬，对必须饲养的猎犬、警犬及实验用犬，应进行登记，并做好预防接种。发现病犬、病猫应立即击毙，以免伤人。咬过人的家犬、家猫应设法捕获，并隔离观察10天，仍存活的动物可确定为非患狂犬病者，可解除隔离。死亡的动物要将其焚毁或深埋，切不可剥皮或进食。

3）伤口处理。早期的伤口处理极为重要。家畜被咬伤后应及时用20%肥皂水充分地清洗伤口，然后再用20%酒精冲洗后涂擦5%碘酊，较深者尚需用导管伸入，用肥皂水做持续灌注清洗，并迅速用疫苗进行免疫接种。

4）预防接种。接种对象为：被狼、狐等野兽所咬家畜；发病随后死亡或下落不明的犬、猫所咬家畜；已被击毙和脑组织已腐败的犬所咬家畜；皮肤伤口被狂犬唾液玷污的家畜；伤口在头、颈处，或伤口较大而深的家畜。

【临床用药指南】 目前该病无有效治疗方法。也可及时试用下列中草药方剂治疗。

[**方1**] 白马骨3000g，煎水，分2次服（在被咬伤7天内连续内服）。

[**方2**] 乌桕树根（水边生长的）500g、野刀豆根250g，加水浓煎，1次内服（在咬伤7天内连续内服）。

[**方3**] 鲜万年青500g，捣烂取汁，1次内服。

[**方4**] 鲜狭叶韩信草500g，加水适量，浓煎内服。

[**方5**] 外用蚱蜢10～20只，连头足150g捣烂，敷咬伤之处。隔3h换敷1次，连敷2～3次。另外内服：黄连、黄芩、黄柏、栀子各30g，赤芍、红花各20g，桃仁连皮30粒，甘草10g，加水煎，早晚各服1次。

[**方6**] 马兰草500g，加白糖内服。

[**方7**] 醉鱼草500g，捣叶，擦伤口或外敷。

[**方8**] 雄黄25g、杏仁50g，共研末，开水冲服。

三、猪水肿病

猪水肿病（edema disease of pigs）是由溶血性大肠杆菌引起的断奶仔

猪的一种急性、散发性、致死性肠毒血症。其特征是胃壁和其他某些部位发生水肿，发病率不高，但病死率较高，可达90%以上。

【流行特点】

(1) 易感动物　主要发生于断乳仔猪，小至数日龄，大至4月龄都有发生。生长快、体况健壮的仔猪最为常见，瘦小仔猪少发生。

(2) 传染源　带菌母猪及被污染的水、环境、用具等都是主要传染源。

(3) 传播途径　病原经口食入或自体肠道存在溶血性大肠杆菌时，并且在饲料和饲养方法改变，或饲料单一或气候变化等的诱因下，可引发本病。

(4) 发病季节　一年四季均可发生，但多见于春秋季节。

【临床症状与病理变化】　病猪突然发病，精神沉郁，食欲减少，口流白沫，体温无明显变化，病前1~2天有轻度腹泻，后便秘。心跳疾速，呼吸初快而浅，后来慢而深。喜卧地、肌肉震颤，不时抽搐，四肢做游泳状，呻吟，站立时拱腰、发抖。前肢如发生麻痹，则站立不稳，后肢麻痹，则不能站立。行走时四肢无力，共济失调，步态摇摆不稳，盲目前进或做圆圈运动。水肿是本病的特殊症状，常见于脸部、眼睑（见图4-3、图4-4）、结膜、齿龈、颈部、腹部的皮下。有的病猪没有水肿的变化。病程短的仅仅数小时，一般为1~2天，也有长达7天以上的。病死率约90%。受各种刺激或捕捉时，触之惊叫，叫声嘶哑（见图4-5），倒地，四肢乱动，似游泳状。

图4-3　眼睑水肿

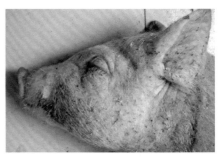

图4-4　眼睑明显水肿

急性型：患猪突然发病，步态不稳，走路蹒跚，倒地后肌肉震颤，严重的全身抽搐。眼睑苍白、水肿如鱼肉状，口吐白沫；通常在猪群中出现一头或几头见不到明显症状，几小时即死亡，并且被感染的仔猪多为上等膘情。剖检常见胃壁水肿（见图4-6）、肠系膜水肿（见图4-7、图4-8）、脑水肿（见图4-9）、脑室积水（见图4-10）等。

亚急性型：食欲废绝，精神沉郁，体温大多正常。眼睑、鼻、耳、下颌、颈部、胸腹部等部位水肿，其中耳朵水肿最为明显。皮肤发亮，指压有窝，重症猪水肿时上下眼睑间仅剩一小缝隙。但65日龄后的病猪水肿不明显。行走时四肢无力，共济失调，左右摇摆，站立不稳，形态如醉，盲目前进或做圆圈运动。倒地后四肢呈游泳状。有的病猪前肢跪地，两后肢直立，突然猛向前跑。很快出现后肢麻痹、瘫痪、卧地不起。有的病猪出现便秘或腹泻。触诊皮肤异常敏感，叫声嘶哑，皮肤发绀，体温降到常温以下，心跳加快，最后因间歇性痉挛、呼吸极度困难、衰竭而死亡。

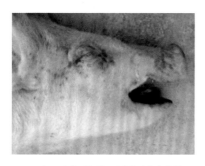

图4-5 强行拍打患猪，患猪发出嘶哑叫声

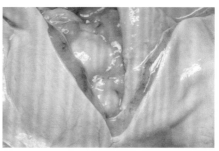

图4-6 胃壁水肿

图4-7 大肠系膜明显水肿

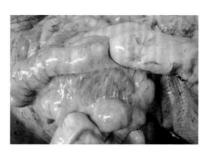

图4-8 肠系膜水肿

猪病鉴别诊断图谱与安全用药

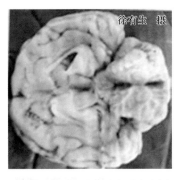
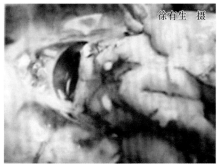

徐有生 摄　　　　　　　　　　　　　徐有生 摄

图4-9　脑水肿　　　　　　　　图4-10　脑室积水

【类症鉴别】

（1）与猪链球菌病（脑膜脑炎型）**的鉴别**　猪链球菌病（脑膜脑炎型）一年四季均可发生，但春、秋多发；常为一些病毒性疾病的继发感染，运动失调，盲目走动，转圈，后肢麻痹，侧卧于地，四肢划动，似游泳状；脑膜充血、出血。

（2）与猪伪狂犬病的鉴别　猪伪狂犬病发生具有一定的季节性，多发生在寒冷的季节，肌肉震颤，四肢麻痹不能站立，卧下做游泳动作。

（3）与猪流行性乙型脑炎的鉴别　猪流行性乙型脑炎发病有明显的季节性（6～10月份），出生后存活的仔猪高度衰弱，并有震颤、抽搐、癫痫等神经症状；脑部水肿，有积液，脑切面有出血点。

【预防】　本病是由多种因素引起的，因此应通过加强饲养管理、合理搭配饲料、注意圈舍卫生、坚持每天消毒、减少或消除应激因素、发病后及时治疗等综合措施进行防治。不要从有病地区购进新种猪。一旦发病，立即隔离病仔猪，并用消毒剂严密消毒猪舍、场地、用具等。加强断奶前后仔猪的饲养管理，若要改变饲料和饲养方法，都应循序渐进、逐步进行；在出现过本病的猪群内，应控制饲料中蛋白质的含量，增加饲料中粗纤维含量，保证饲料中有足够的硒和维生素E，这对预防本病有一定的效果。对断乳仔猪，在饲料内添加适宜的抗菌药物如新霉素、土霉素等进行预防。哺乳母猪饲料中添加较大剂量的锌，按每千克饲料添加50mg锌，可以预防本病的发生。对病猪治疗效果不好，治疗时可采用对大肠杆菌敏感的抗菌药物如卡那霉素、硫酸新霉素、硫酸链霉素、恩诺沙星等；配合加强对病猪的护理，在饲料或饮水中添加多种维生素、葡萄糖等。

【临床用药指南】

［方1］2.5%恩诺沙星4~6mL肌注，每天2次，连用3天，0.1%亚硒酸钠3~4mL，肌内注射，病重5~6天重复注射1次。

［方2］氯霉素或硫酸卡那霉素每千克体重25mg肌注，每天2次，连用3天。剂量要准确，不可超量。5%葡萄糖200mL静脉注射。

［方3］20%磺胺嘧啶钠10mL或磺胺间甲氧嘧啶10mL肌内注射，每天2次，连用3~5天；5%氯化钙和40%乌洛托品各5mL混合静脉注射。

［方4］庆大霉素5mL、地塞米松10~20mg分点注射，连用2~3次。

［方5］口服利尿素每千克体重1mg或用速尿1~3mL肌内注射。

［方6］庆大霉素或小诺霉素及维生素B_{12}，肌内注射，12h一次。

四、猪链球菌病

猪链球菌病（streptococcus suis，S. suis）是由多种不同群的链球菌引起的不同临床类型传染病的总称。根据链球菌的群特异性抗原的不同，可将链球菌分成20个血清群（A~V），对猪致病性较强的主要是C、D、E、L、S、R等群；根据链球菌的荚膜多糖抗原可将之分为35个血清型，对猪和人致病性较强的是2型、1型、7型、9型、1/2型和14型。猪链球菌病常见的有败血性链球菌病和淋巴结脓肿两种类型。临床上急性的常为出血性败血症和脑炎症状，由C群链球菌引起，发病率高，病死率也高，危害大；慢性病例则以关节炎、心内膜炎及组织化脓性炎等为特征，以E群链球菌引起的淋巴脓肿最为常见，流行最广。

【流行特点】

（1）**易感动物**　猪易感，不分品种、性别、年龄均有易感性，其中以架子猪、仔猪和妊娠母猪的发病率高。

（2）**传染源**　病猪和病愈后的带菌猪是主要传染源。

（3）**传播途径**　主要经呼吸道或伤口、咽喉等途径感染发病。

（4）**发病季节**　无明显的季节性，一年四季均可发生，但夏秋季节易出现大面积流行。

【临床症状与病理变化】　在临诊上，猪链球菌病主要表现为败血症、脑膜脑炎、关节炎和淋巴结脓肿。分为以下几型：

（1）败血型 主要常见于流行初期的最急性病例，发病急，病程短，往往不见任何异常症状就突然死亡，或突然减食或停食，精神委顿，体温升高到41～42℃，呼吸困难，便秘，结膜发绀，卧地不起，口、鼻流出淡红色泡沫样液体，多在6～24h内死亡；急性病例的病猪表现为精神沉郁，体温升高达43℃，出现稽留热，食欲不振，眼结膜潮红，流泪，流浆液状鼻液，呼吸急促，间有咳嗽，颈部、耳郭、腹下及四肢下端皮肤呈紫红色，有出血点，出现跛行，病程稍长，多在3～5天内死亡。发病率一般为30%左右，死亡率可达80%。

（2）脑膜脑炎型 多发生于哺乳仔猪和断奶小猪，病初体温升高至40.5～42.5℃，停食，便秘，有浆液性和黏性鼻液，会出现神经症状，表现为运动失调、盲目走动、转圈、空嚼、磨牙、仰卧，后躯麻痹，侧卧于地，四肢划动，似游泳状。急性型多在30～36h内死亡。亚急性型或慢性型病程稍长，主要表现为多发性关节炎，逐渐消瘦、衰竭死亡，或康复。

（3）关节炎型 主要由前两型转来，或者从发病起就表现为关节炎（见图4-11、图4-12、图4-13）。病猪在一肢或几肢关节肿胀（见图4-14）、疼痛，跛行，不能站立，病程2～3周。

图4-11 化脓性跗关节炎

图4-12 跗关节处有一明显鼓起的化脓包

图 4-13　在图 4-11 的肿胀处
抽取的脓汁

图 4-14　臀部皮下感染后
出现一个大的脓肿

（4）淋巴结脓肿型　该型是由猪链球菌经口、鼻及皮肤损伤感染而引起。断奶仔猪和出栏育肥猪多见，传播缓慢，发病率低，但猪群一旦发生，很难清除。主要表现为在颌下、咽部、颈部等处的淋巴结化脓和形成脓肿。受害淋巴结最初出现小脓肿，然后逐渐增大，感染后 3 周局部显著隆起，触诊坚硬、有热痛。病猪的采食、咀嚼、吞咽和呼吸均有障碍。脓肿成熟后，表皮坏死，破溃流出脓汁。脓汁排净后，全身症状显著减轻，肉芽组织生长结疤愈合。病程 3 ~ 5 周。

最急性病例在口鼻流出红色泡沫液体，气管、支气管充血，内充满泡沫液体。急性病例表现为耳、胸、腹下部和四肢内侧皮肤有一定数量的出血点，皮下组织广泛出血。全身淋巴结肿胀、出血。心包内积有浅黄色液体，心内膜出血。脾脏、肾脏肿大、出血。胃和小肠黏膜充血、出血。关节腔和浆膜腔有纤维素性渗出物。脑膜脑炎型表现为脑膜充血、出血、溢血，个别病例出现脑膜下积液，脑组织切面有点状出血。慢性病例关节腔内有黄色胶冻样、纤维素性以及脓性渗出物，淋巴结脓肿。部分病例心瓣膜上出现菜花样赘生物。

【类症鉴别】

（1）与副猪嗜血杆菌病的鉴别　副猪嗜血杆菌病由副猪嗜血杆菌引起，以呼吸道症状和关节炎为特征。患病猪或带菌猪通过空气、直接接触、消化道等感染，年龄越小的仔猪越易感，发病率 10% ~ 30%，死亡率高达 50%。表现发热、咳嗽、呼吸困难、眼睑水肿、消瘦、食欲不振、关节肿大、跛行、疼痛、颤抖、共济失调、可视黏膜发绀。剖检表现为胸膜炎肺炎、心包炎、腹膜炎、关节炎和脑膜脑炎等；母猪流产；全身淋巴结肿大，切面呈灰白色，心肌坏死、心内外膜出血、胆囊萎缩、全身皮肤发绀呈败血症表现。

（2）与高致病性猪呼吸与繁殖障碍综合征的鉴别 高致病性呼吸与繁殖障碍综合征由变异猪呼吸与繁殖障碍综合征病毒引起，以母猪流产、产死胎、弱胎、木乃伊胎和呼吸困难、败血症变化和高死亡率等为特征。呈急性、热性、多路径、高度接触性传染，不分大小公母，一年四季都可发病，在饲养条件恶劣时易发。发病时体温升高，呼吸困难，呈腹式呼吸，咳嗽，皮肤全身发红，眼结膜水肿、潮红，母猪流产，产木乃伊胎和弱仔。剖解可见下颌、颈部、腋下、眼结膜及后肢内侧水肿；全身淋巴结肿大、出血；胸腔有浅黄色清亮液体，心包积液，心肌变软；肺脏可见充血、出血、肿胀、肉样实变；脾脏呈紫色，脾头肿大，切面增生，边缘有梗死灶呈锯齿状；肾脏色浅，表面有针尖状出血点；肝脏实变，有出血点或出血斑；胃肠道出血、溃疡、坏死。

（3）与猪瘟的鉴别 猪瘟由猪瘟病毒引起，呈急性、热性、接触性传染，以高热稽留和细小血管壁变性、广泛出血、梗死和坏死等变化为特征。所有猪均易感，不分季节；病毒经消化道、呼吸道、眼结膜、伤口等接触污染空气或污染物感染，也可经胎盘垂直感染。急性型呈高热稽留（41～42℃），呼吸困难，咳嗽，两眼有脓性分泌物，全身皮肤黏膜广泛性充血、出血，肢体末端显著发绀，便秘，排球状带黏液（脓血或伪膜碎片）粪块。急性败血型表现为全身性出血、瘀血；特征性病变表现为脾脏边缘有稍突出表面的出血性梗死灶，呈暗紫色；全身淋巴结肿大出血，切面周边出血显著，呈红白相间的大理石状。慢性型呈弛张热型，便秘或下痢交替，皮肤发疹结痂，耳、尾和肢端等坏死，常成为僵猪；特征性剖检变化为回盲瓣等处的纽扣状黑褐色溃疡，中央凹陷，突出黏膜表面。

（4）与猪附红细胞体病的鉴别 猪附红细胞体病由附红细胞体引起，以贫血、黄疸、发热为特征。多发于夏秋季节，通过伤口或昆虫媒介进行传播，各种年龄猪均可发生，仔猪和架子猪的死亡率较高。急性型体温升高（40～42℃），厌食，便秘或拉稀，肌肉颤抖，耳、颈、胸、腹、四肢皮肤红紫色，成为"红皮猪"；有的猪流涎、咳嗽、呼吸困难和结膜炎。

慢性型病猪体温升高至 39.5℃，贫血，黄疸，尿呈黄色，大便干燥，带黑褐色或鲜红色血液。体表可见紫红色斑块，皮肤和黏膜苍白，血液稀薄、色浅、不易凝固，皮下水肿，出现胸水和腹水；肝脏肿大质硬，表面有黄色条纹状或灰白色坏死灶；胆囊膨胀充满明胶样胆汁；脾脏肿大变软呈黑色；肾脏肿大有出血点；淋巴结水肿。

（5）与猪丹毒的鉴别　猪丹毒是由猪丹毒杆菌引起的一种急性、热性传染病，分为急性败血型、亚急性疹块型和慢性型，不同品种的架子猪和育肥猪一年四季均可发病。其临床与剖检表现为以高热、急性败血症、皮肤疹块（亚急性）为特征，慢性以多发性关节炎和心内膜炎为特征。急性败血型，体温升高到 42 ~ 43℃，病猪皮肤发红发紫，呼吸加快，突然死亡，小猪还伴有神经症状；急性败血型病理表现以全身性败血症变化和体表皮肤出现红斑为特征；肾脏瘀血、肿大，呈紫红色；肺充血、水肿；脾脏充血、肿大，呈樱桃红色。亚急性疹块型的特征症状是皮肤表面出现方形、菱形或圆形的疹块，指压不褪色，俗称"打火印"，体温升高到 41℃以上，病程长，死亡率较低。剖检慢性型，常见慢性关节炎、慢性心内膜炎和坏死性皮炎。

【预防】

1）加强饲养管理，搞好环境卫生消毒。断尾、去齿和去势后应严格消毒。猪只出现外伤应及时进行外科处理。坚持自繁自养和全进全出的饲养方式。引进种猪应严格执行检疫隔离制度。淘汰带菌母猪等措施对预防本病的发生具有重要的意义。经常有本病流行和发生的猪场，可在饲料中适当添加一些抗菌药物如磺胺嘧啶，会收到一定的预防效果。

2）疫苗免疫接种。有本病流行的猪场和地区可使用疫苗进行预防。猪链球菌病疫苗有弱毒活苗和灭活苗，前者是由 C 群链球菌制备的，预防由猪链球菌 2 型引起的疾病效果不佳。灭活苗是由猪链球菌 2 型菌株制备的，对预防由该型菌株引起的疾病有较好的免疫效果，妊娠母猪可于产前 4 周进行接种；仔猪分别于 30 日龄和 45 日龄各接种 1 次。后备母猪于配种前接种 1 次，免疫期可达半年。也可应用本场分离菌株制备灭活苗进行免疫接种，效果更好。

3）注意公共卫生。饲养人员、兽医、屠宰工人及检疫人员在接触病猪时，应防止外伤发生，严格消毒，做好个人防护工作。禁止扑杀、屠宰、剖检、加工和贩卖病猪，以预防人员的感染。病死猪深埋，做好无害化处理。

【临床用药指南】 对发病猪群应严格隔离和消毒相关环境。猪链球菌对一些抗生素有严重的耐药性，早期可用青霉素、头孢类药物、喹诺酮类药物（如恩诺沙星、氧氟沙星）进行治疗，连续用药，可收到较好的效果。

［方1］青霉素160~320万国际单位，肌内注射，每天2次，连用3~5天。

［方2］氟苯尼考按每千克体重10~30mg，肌内注射，每天2次，连用3~5天。

［方3］庆大霉素按每千克体重3000~5000单位，肌内注射，每天2次。

还可应用苄星青霉素、氨苄西林、头孢拉定、林可霉素、克林霉素、恩诺沙星、环丙沙星等药物进行预防和治疗。

五、猪李氏杆菌病

猪李氏杆菌病（swine listeriosis）主要是由产单核细胞李氏杆菌引起的人、家畜和禽类的共患传染病。猪以脑膜脑炎、败血症和单核细胞增多症、妊娠母猪发生流产为特征。本病在我国较多省份发生，但多呈散发性流行，近年来发病率有所上升。

【流行特点】

（1）易感动物 幼龄和妊娠猪较易感。

（2）传染源 患病和带菌动物为传染源。

（3）传播途径 污染的土壤、饲料、水和垫料，经消化道传播。

（4）发病季节 本病的发生无明显的季节性。

【临床症状与病理变化】 败血型和脑膜脑炎型混合型多发生于哺乳仔猪，表现突然发病，体温升高至41~41.5℃，不吮乳，呼吸困难，粪便干燥或腹泻，排尿少，皮肤发紫，后期体温下降，病程1~3天。多数病猪表现为脑炎症状，病初意识障碍，兴奋、共济失调、肌肉震颤、无目的地走动或转圈，或不自主地后退，或以头抵地呆立；有的头颈后仰，呈观星姿势（见图4-15）；严重的倒卧、抽搐（见图4-16）、口吐白沫、四肢乱划动，遇刺激时则出现惊叫，病程3～7天。较大的猪呈现共济失调，步态强拘，有的后肢麻痹，不能起立，或拖地行走，病程可达半个月以上。单纯脑膜脑炎型大多发生于断奶后的仔猪或哺乳仔猪。病情稍缓和，体温与食欲无明显变化，脑炎症状与混合型相似，病程较长，终归死亡。病猪的血液检查时，其白细胞总数升高。单核细胞达8％～12％。母猪感染一般无明显的临诊症状，但妊娠母猪感染常发生流产，一般引起妊娠后期母猪的流产。

图4-15　全身强直，头颈后仰

图4-16　全身强直，倒卧抽搐

脑和脑膜充血或水肿（见图4-17），脑脊液增多、混浊，脑干变软，有小化脓灶（见图4-18）。脑髓质偶尔可见软化区。组织学检查在血管周围可见以单核细胞为主的细胞浸润，形成血管"袖套"现象。脑组织有局灶性坏死以及小神经胶质细胞以及中性粒细胞浸润。由于中性粒细胞的液化作用形成小脓灶，在脑桥和髓质部最多见。发生败血症时，肝脏可见多处坏死灶（见图4-19），脾脏偶尔可见。发生流产的母猪可见子宫内膜充血并发生广泛坏死，胎盘子叶常见有出血和坏死。流产胎儿肝脏有大量小的坏死灶，胎儿可发生自体溶解。

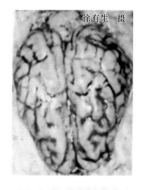

图4-17　有神经症状的猪可见脑充血、瘀血

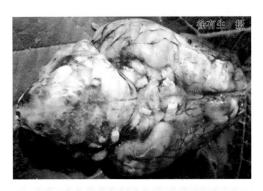

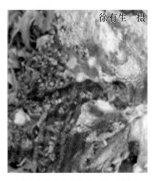

图4-18 脑组织软化，有小化脓灶 　　图4-19 局灶性肝坏死

【类症鉴别】

（1）**与猪瘟的鉴别**　1月龄内的仔猪发生猪瘟时，神经症状主要表现是转圈运动，持续高温，用退热药和抗菌药物治疗无效；而李氏杆菌病的神经症状主要是前肢运动障碍、不能站立，体温呈一过性高温，用抗菌药物治疗效果明显。猪瘟剖检可见全身淋巴结肿大，周边出血，切面呈大理石样；而李氏杆菌病的淋巴结无明显病理变化。打开猪瘟病猪颅腔可见脑膜出血，脑膜下有浅黄色渗出液，并且病猪的肾脏有针尖样出血点，回盲口处有纽扣状溃疡，脾脏出血、边缘梗死等病变都是李氏杆菌病所不具备的。

（2）**与仔猪伪狂犬病的鉴别**　哺乳仔猪感染伪狂犬病时，神经症状主要表现为后肢运动障碍：走路摇摆、站立不稳或不能站立；李氏杆菌病是前肢运动障碍。剖检时伪狂犬病猪的脑膜充血、出血，脑组织出血、水肿，剪开脑膜可见脑回平展发亮，有大量血样渗出物流出；而李氏杆菌病具有肠系膜淋巴结充血、瘀血、肿大呈绳索状，小肠充血、瘀血，肠壁黏膜潮红等特征性病变。

（3）**与仔猪水肿病的鉴别**　仔猪水肿病一般多发于春秋季，即每年的4~5月份和9~10月份，常发生于断奶后不久的仔猪，一窝中往往是健壮和生长快的最先发病；而李氏杆菌病则多发于冬季和早春，哺乳仔猪发病时死亡率高，断奶后仔猪大多可以耐过，死亡率低。仔猪水肿病的特征病变是头和眼睑水肿，皮下有大量浅黄色胶冻样渗出；李氏杆菌病尽管眼球外突但眼睑水肿不明显，皮下无胶冻样物。水肿病的胃壁增厚，胃大弯水肿，切开胃壁可见浆膜和肌层间夹有大量胶冻样物质，结肠伴有大量胶冻样渗出物等特征性病变。

（4）与乙型脑炎的鉴别 乙型脑炎明显的流行季节是夏秋季，即每年的 6～10 月份，蚊虫是其主要传播媒介。并且哺乳仔猪感染乙型脑炎时病程较长，一般 3～4 天，且用药物治疗无效，可与李氏杆菌病相区别。

【预防】 加强饲养管理和卫生消毒，注意猪舍的环境卫生，经常清扫，每周 2～3 次；长途运输过程中注意保暖，不要过于拥挤，给予充足的饮水，夏季运输过程中要防暑防晒，注意通风；做好消毒，对病猪进行隔离和治疗。

【临床用药指南】 早期大剂量应用磺胺类药物，或与青霉素、四环素等并用，有良好的治疗效果。与氨苄西林和庆大霉素混合使用，效果更好。

具体方法：20% 磺胺嘧啶钠 10mL，肌内注射；庆大霉素 1～2mg/kg 体重，每日 2 次，肌内注射；氨苄西林 5～10mg/kg 体重，肌内注射。也可肌内注射庆增安注射液，用量为 0.1mL/kg 体重。病猪高度兴奋不安时，可肌内注射 25% 硫酸镁注射液。

六、破伤风

破伤风（tetanus）是由破伤风梭菌经伤口感染而引起的急性外毒素中毒性人畜共患传染病。其临床特征为肌肉持续强直性痉挛和反射性增高。本病广泛分布于世界各地，是危害人类健康和畜牧业发展的一种较为严重的传染病。

【病的发生与传播】 病原体为破伤风梭菌，是一种专性厌氧革兰氏阳性细长杆菌，能产生痉挛毒素、溶血毒素和溶纤维素 3 种外毒素。本菌繁殖体抵抗力弱，芽孢抵抗力很强，在土壤中可存活几十年。100℃蒸气中能耐受 60min。在 10% 碘酊和 10% 漂白粉的混合物中，约需 10min 死亡，3% 甲醛溶液需 24h 才可将其杀死。破伤风梭菌对青霉素敏感。

本病主要经创伤感染，尤其是创口小，创伤深，创内组织损坏严重，有出血，有异物，创伤内具备缺氧的条件，有适合破伤风芽孢发育繁殖的伤口，如钉伤、挫伤、刺伤、脐带伤、去势伤、鞍伤、笼头伤等。此外，还有部分（占 40% 左右）病例见不到外伤，或因潜伏期内创伤已痊愈，或经胃肠道黏膜损伤感染而致病。

【流行特点】 病的发生无年龄、性别、品种的差异，一年四季都可发生，但以春耕和秋收季节多见。一般呈散发性。

【临床症状】 牙关紧闭（见图4-20），不能采食和饮水，流涎、口臭。耳竖立，瞬膜露出，瞳孔散大，鼻孔开张似喇叭状。腹部紧缩，尾根高举，四肢因强直而外张站立如木马（见图4-21）。各关节屈曲困难，运步障碍。重症病猪角弓反张。对外界刺激的反射兴奋性增高不明显，且致死率也较低。

江斌 等摄

图4-20 牙关紧闭，四肢僵硬

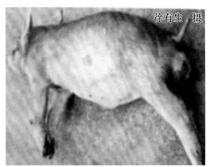

徐有生 摄

图4-21 耳和尾直立，四肢僵硬，全身痉挛似木马

【类症鉴别】

(1) 与化脓性脑膜脑炎的鉴别 两病均出现颈项强直、角弓反张等表现，但化脓性脑膜脑炎无阵发性抽搐，伴有剧烈头痛，高热，喷射性呕吐，易嗜睡昏迷。脑脊液检查有大量白细胞。

(2) 与狂犬病的鉴别 狂犬病有被犬、猫咬伤皮肉的病史，狂犬病患畜呈兴奋、恐惧状，看见或听到水声，便发生吞咽且肌痉挛，称"恐水病"。可因膈肌收缩产生大声呕逆，如犬吠声。

【预防】

1）凡开放性伤口均需进行早期彻底的清创。提倡新法接生，正确处理脐带。

2）伤后应及早肌内注射1500单位破伤风抗毒素，创伤严重者，1周后可重复肌内注射1次。注射前均应做皮内过敏试验，阳性者脱敏后方能应用。

3）主动免疫为最可靠的方法。分 3 次皮下注射破伤风类抗毒素，每次 0.5 ~ 1mL，间隔为 6 ~ 8 周，以后每年再强化注射 1 次效果则更佳。

【临床用药指南】

1）抗毒素的治疗。破伤风抗毒素（TAT）能中和处于被吸收过程中的毒素，为保证疗效，治疗时必须给予大剂量的抗毒素。发病当日静脉滴注 5 万单位破伤风抗毒素，此后每日静脉滴注 1 万单位，总量可用到 20 万单位。

2）抗痉挛治疗。严重破伤风的有效治疗是消除肌肉痉挛。可应用氯化筒箭毒碱（Tubocurarine chloride） 15mg，每天总量可达 150 ~ 650mg，同时辅以正压人工呼吸。亦可用氯丙嗪 50 ~ 100mg，肌内注射，每 4 ~ 6h1 次；或地西泮 10 ~ 15mg，静脉滴注，视病情可多次应用。

3）抗感染治疗。使用抗生素预防肺部感染，如青霉素每天 1000 ~ 4000 万单位，分次静脉滴注。

4）保持呼吸道通畅。呼吸道分泌物多且排出困难者、痉挛时间长或已发生窒息者应及早将气管切开，注意吸痰。

5）补充营养、水及电解质。必须注意营养与水、电解质的平衡。尤其当牙关紧闭和咽部痉挛常使进食发生困难时，需要用流质饮食进行鼻饲，或静脉注射高营养。

6）一般处理。用 3% 过氧化氢溶液冲洗伤口，保持引流通畅。已愈合的伤口，如有异物或炎性肿块者应切开处理。

七、猪肉毒梭菌毒素中毒

肉毒梭菌毒素中毒（botulism）是由肉毒梭菌外毒素所致的人和多种动物共患的一种中毒性疾病。以运动神经麻痹为主要特征。肉毒梭菌为梭菌属的成员，革兰氏染色阳性，菌体呈直杆状或略弯曲，有鞭毛，无荚膜，为腐物寄生性厌氧菌。在适宜的条件下可以产生一种蛋白神经毒素——肉毒梭菌毒素，是目前已知的化学毒物与生物毒素中毒性最强的毒素。

【流行病学】

（1）易感动物 肉毒梭菌外毒素对人及动物均有高度致病性。病后无持久免疫力。

（2）传染源 人和动物由于进食了肉毒梭菌污染的食物或饲料而致病。但患者对周围人群无传染性。

（3）传播途径 食物传播为主要传播途径，偶由肉毒梭菌芽孢污染创伤伤口，在人体内繁殖产生毒素而引起中毒。

（4）流行特点 本病发生有明显的地域分布，还与土壤类型和季节等有关，肉毒梭菌芽孢发育最适温度是 25 ~ 37℃，产毒最适温度是 20 ~ 30℃。

【临床症状】 动物肉毒梭菌毒素中毒的临床表现基本相似，主要以运动神经麻痹和迅速死亡为特征。猪一般很少发生本病，症状主要表现为运动神经麻痹引起眼半闭，眼部肌肉麻痹引起咀嚼困难，四肢肌肉麻痹引起共济失调、卧地不起，膈肌麻痹引起呼吸困难、循环衰竭，直至呼吸麻痹死亡。

【病理变化】 剖检多无特征性的病理变化，仅见喉、气管、肺等有充血、出血变化。

【鉴别诊断】 根据特征性的临床症状，结合发病原因分析，可做出初步诊断。确诊需采集病畜胃肠内容物和可疑饲料，制成悬液，进行毒素试验检测。应注意与其他中毒、低钙血症、低镁血症、霉菌毒素中毒、传染性脑脊髓炎以及其他急性中枢神经系统疾病相鉴别。

【预防】 预防的主要措施在于随时清除腐烂饲料，禁止饲喂腐烂草料。缺磷地区应多补钙和磷。发病时，要查明和清除毒素来源，发病动物的粪便要及时无害化处理。经常发生本病的地区可用类毒素或明矾菌苗进行预防接种。治疗本病可注射多价抗肉毒素梭菌毒素血清，大家畜可服用泻剂或灌肠，促进毒素的排出。预防人的肉毒梭菌毒素中毒的主要措施是加强卫生管理和注意饮食卫生。

【临床用药指南】

1）用1%硫酸铜 50 ~ 80mL/kg 体重口服，或用 0.1% 高锰酸钾液洗胃，不能洗胃时灌服 500 ~ 1000mL，从而排泄胃肠内容物。

2）吞咽困难时，用50%葡萄糖 50 ~ 100mL、含糖盐水 250 ~ 500mL、25%维生素 C 2 ~ 4mL、樟脑磺酸钠 5 ~ 10mL，静脉注射。

3）用青霉素 80 万 ~ 160 万国际单位、链霉素 50 万 ~ 100 万国际单位，肌内注射，12h1次，可对进入机体的肉毒梭菌产生作用。

4）为缓解呼吸困难，用盐酸山梗菜碱（盐酸洛贝林），0.05～0.1g皮下注射，或用尼可刹米0.5～2g肌内注射。

八、仔猪白肌病

仔猪白肌病（white muscle disease）是指仔猪以骨骼肌和心肌发生变性、坏死为主要特征的营养代谢病。原因是饲料中缺乏微量元素和维生素E所致。

【流行特点】 本病可发生于20日龄到3月龄的仔猪，临床上最常见于断奶至2月龄营养良好的仔猪。多于3～4月份发病，常呈地方性流行。

【临床症状】 本病常发生于体质健壮的仔猪，有的病程较短，突然发病。发病初期表现精神不振，猪体迅速衰退，往往出现起立困难的症状，病势再发展，则四肢麻痹。呼吸不匀、频率加快、心跳加快、体温无异常变化。病程为3～8天，最后倒毙。也有的病例不出现任何症状，即迅速死亡。病猪主要表现食欲减少、精神沉郁、怕冷、喜卧、呼吸困难。病程较长的，表现后肢强硬、拱背、站立困难（见图4-22、图4-23），常呈前腿跪立或犬坐姿势。消化机能紊乱、腹泻；贫血、黄染、生长缓慢等全身症状，严重的有渗出性素质（由于毛细血管细胞变性、坏死，通透性增强，造成胸、腹腔和皮下等处水肿）。严重者坐地不起，后躯麻痹（见图4-24），表现神经症状，如转圈运动、头向一侧歪等，呼吸困难，心脏衰弱，最后死亡。

图4-22 后肢强硬，拱背，站立困难　　图4-23 两后肢强硬，站立困难，
　　　　　　　　　　　　　　　　　　　　　　　步态不稳

图4-24　严重者坐地不起，后躯麻痹，强行驱赶表现痛苦、呻吟

【病理变化】　腰、背、臀等处肌肉变性，色浅，似煮肉样（见图4-25），而得名白肌病。死猪尸体剖检时，可见骨骼肌上有连片的或局灶性大小不同的坏死，肌肉松弛，颜色呈现灰红色，如煮熟的鸡肉（见图4-26）。此类病变也见于膈肌。

**图4-25　臀部肌肉变性，色浅，
似煮肉样**

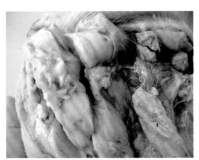

**图4-26　连片的骨骼肌变性、
坏死，肌肉松弛，色浅，
似煮熟的鸡肉**

心包腔出现数量不等的积液（见图4-27、图4-28），心内膜上有浅灰色或浅白色斑点，心肌明显坏死（见图4-29、图4-30），心脏容量增大、心肌松软（见图4-31），有时右心室肌肉萎缩，外观呈桑葚状（见图4-32）。心外膜和心内膜有斑点状出血。肝脏充血、瘀血、肿大，质脆易碎，边缘钝圆，呈浅褐色、浅灰黄色或黏土色（见图4-33）。常见有脂肪变性，横断面肝小叶平滑，外周苍白，中央褐红。常发现针头大的点状坏死灶和实质弥漫性出血。

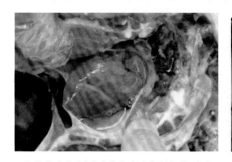

图4-27　心包腔内出现积液　　　　　图4-28　心包积液

图4-29　心肌柔软，其横断面　　　　图4-30　心肌柔软，心肌横
　　　　心肌纤维浑浊不清　　　　　　　　　断面色浅

图4-31　心脏容量增大、心肌松软，　　图4-32　桑葚心，心呈圆形，
　　　可看到坏死的心肌纤维呈灰白色　　　　心肌纤维出现变性、坏死

图 4-33　肝脏充血、瘀血、肿大、
质脆，呈浅灰黄色

【类症鉴别】　与仔猪水肿病的诊断鉴别：仔猪水肿病发病急，病程短。剖检可见胃大弯黏膜下层与肌层之间有一层胶冻样物；淋巴结水肿、充血；心包和胸腹腔有稻草黄色的物质沉着；心肌变性有界限明显的灰白色积液，暴露于空气中则凝固成白色条纹；心壁扩张变薄。

【预防】

1）对于 3 日龄仔猪，0.1% 亚硒酸钠注射液 1mL，肌内注射，有预防作用。母猪日粮中应添加亚硒酸钠和维生素 E。

2）注意妊娠母猪的饲料搭配，保证饲料中硒和维生素 E 等添加剂的含量。还应配合使用亚硒酸钠制剂，如对泌乳母猪，可在饲料中加入一定量的亚硒酸钠（每次 10mg），可防止哺乳仔猪发病；对缺硒地区的仔猪可于出生后第 2 天肌内注射 0.1% 亚硒酸钠注射液 1mL，有一定的预防作用；对发病仔猪用 0.1% 亚硒酸钠注射液，每头仔猪肌内注射 3mL，20 天后重复一次，同时应用维生素 E 注射液，每头仔猪 50～100mg，肌内注射。有条件的地方，可饲喂一些含维生素 E 较多的青饲料，如种子的胚芽、青绿多汁饲料和优质豆科干草。对泌乳母猪，可在饲料中加入一定量的亚硒酸钠（每次 10mg）。

【临床用药指南】

1）发生此病后，立即改善饲养管理条件，会有一定效果。但往往不能杜绝此病，还应配合使用亚硒酸钠制剂。

2）有人根据治疗羔羊和犊牛白肌病的经验，用亚硒酸钠治疗病猪获得成功。在饲料中混合亚硒酸钠，母猪10mg，仔猪2mg，15天后重复给药1次，进行预防。另有人在一猪场发现3~6月龄的仔猪发生白肌病后，对其余283头仔猪，根据日龄不同，按每头3~8mg喂给亚硒酸钠，15天后重复给药1次，25天后再给予上述剂量的1/3，混合饲料喂服。两猪场均未发现病猪。

3）某猪场曾采用0.1%亚硒酸钠溶液皮下注射，剂量按每头2~3mL，1次注射。结果病猪获得痊愈。

4）配合用维生素E500~800mg，肌内或皮下注射，连用2~3天，以后剂量减半，再使用4~6天，可获得良好效果。

5）药物治疗多用亚硒酸钠，通常配成0.1%~0.5%的灭菌水溶液进行皮下或肌内注射：仔猪注射0.1%的溶液1~2mL，母猪注射0.5%的溶液1~2mL，间隔10~15天再注射1次。为恢复肌肉的正常物质代谢过程，可用100~300mg维生素E制剂肌内注射，每天1次，连用3~5天（与肌醇合用效果更好）。

九、中暑

中暑（heat illness）是指在高温和热辐射的长时间作用下，机体体温调节障碍，水、电解质代谢紊乱及神经系统功能损害的症状的总称。

【发病机理】 正常体温保持相对稳定是产热和散热平衡的结果。盛夏炎热，环境高热高湿，极易导致猪体内外热量交换失去平衡，散热机制发生障碍，使机体内蓄热过多，从而对细胞产生毒性作用，引起器官功能障碍而中暑。若不给予及时有力的治疗，可引起抽搐和死亡、永久性脑损害或肾脏衰竭。因此，做好防暑和中暑的防治工作是确保生猪安全度夏，提高夏季养猪经济效益的重要环节。

【临床症状】 一般猪中暑将表现出如下症状：呼吸、心跳加快，节律不齐；体温升高，触摸皮肤烫手，全身出汗；口流白沫（见图4-34），步行不稳，流涎呕吐（见图4-35）；眼结膜发红，结膜充血，瞳孔初散大后缩小，眼神狰狞；白猪可见皮肤发红（见图4-36）。严重的倒地抽搐痉挛、流涎，四肢做游泳状划动；重症者兴奋不安，全身颤抖、痉挛，虚脱死亡。

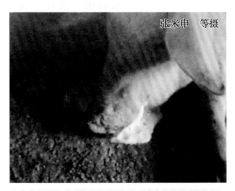

图4-34 外界温度过高或环境湿度过
大时，造成猪只中暑后口吐白沫

图4-35 炎热夏季，在日光下暴晒
时间过长，患猪出现大量流涎

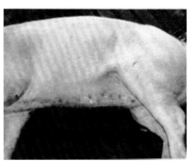

图4-36 腹下皮肤出现红白相间
的瘀血斑

【处理办法】 发现中暑猪，应该迅速将患猪转移到阴凉通风处，用
凉水浇或用冷湿毛巾敷头部，冷敷心区，也可以用凉水喷洒全身或进行冷
水浴，使体温降至38.5～39℃。降低体温是紧急处理的主要措施，体温
降下来后则其他症状得以缓解，接下来进行相应的对症治疗。治疗中暑猪
的几个方法：

1）静脉放血。猪只体表发热，耳部充血，可剪耳尖、尾尖放血
100～200mL，同时每头猪用十滴水5～10mL兑水内服，或静脉注射复方
氯化钠注射液200～500mL。

2）刺激疗法。对昏迷的患猪可用适量生姜汁、大蒜汁或少许氨水放置鼻前，任其自由吸入以刺激鼻腔，引起打喷嚏，使其苏醒。同时皮下注射尼可刹米（中枢兴奋药）注射液 2 ~ 4mL。

3）灌肠疗法。对脱水患猪，用生理盐水或 0.5% 凉盐水反复灌肠。也可腹腔注射 500 ~ 1000mL 5% 葡萄糖氯化钠注射液，一可补充体液，二可有效降低体内温度。

4）西药疗法。对中暑严重、兴奋狂躁不安的病猪，每头皮下或肌内注射安钠咖 0.5 ~ 2g。过度兴奋时，肌内注射 2.5% 氯丙嗪 3 ~ 5mL 或地西泮注射液 6 ~ 10mL。严重失水时，灌服生理盐水或静脉注射 5% 葡萄糖氯化钠 200 ~ 500mL。治疗中暑猪，应该先帮助机体进行散热、降温，再依据中暑所引起的中枢神经系统、呼吸系统、心血管系统等病变，进行相应的对症治疗。

5）其他疗法

[方1] 鱼腥草 100g、野菊花 100g、淡竹叶 100g、陈皮 25g。

用法：煎水 1000mL，一次灌服。

[方2] 生石膏 25g、鲜芦根 70g、藿香 10g、佩兰 10g、青蒿 10g、薄荷 10g、鲜荷叶 70g。

用法：水煎灌服，每天一剂。

[方3] 针灸穴位及部位：山根、天门、耳尖、尾尖、鼻梁、涌泉血、滴水、蹄头。

针法：血针。

第五章

皮肤病的鉴别诊断与防治

皮肤病的诊断思路及鉴别诊断要点

一、诊断思路

诊断猪的皮肤病，应由表及里，由外及内，先查被毛，后查皮肤，最后推断损害的性质及发病的原因。首先要注意猪的被毛是不是完整的，生长得是不是牢固，有没有光泽。健康猪被毛平滑、富有光泽、生长牢固；如果被毛枯燥、容易掉落，这种情况就有可能是营养不良性、消化性、寄生虫性的疾病；如果大面积掉毛，就有可能是螨病和湿疹；如果只出现一定范围内的圆形片状脱毛，就很有可能是真菌病。其次，要注意观察皮肤损害的类型，斑疹是局部或泛发性皮肤出现的红色斑块，斑块比皮肤稍有突起，指压后会褪色，消退后不留痕迹的斑块或斑点称为红斑，这种情况常见于猪丹毒等疾病；指压不褪色者为血斑，见于猪瘟等。对于斑疹来说，白猪很容易观察，而黑猪较难看清楚。丘疹是突出于皮肤表面的米粒大或豌豆大的局限性圆形隆起，多数丘疹聚集则称为苔藓。高出皮肤表面、内含非脓性液体的泡状隆起称为水泡，如水疱病等。荨麻疹，又名风疹或风团，是指皮肤呈暂时性、水肿性的扁平突起。其形状不整齐，大小不一，小如豆粒、大至手掌。常伴有皮肤潮红、搔痒、灼热等症状，此种病发病快、消失得也很快。皮肤组织的病理性死亡称为坏死，如坏死杆菌病；角化是指皮肤角质异常增厚，见于粗皮病等；皲裂是指皮肤上呈现或深或浅的线状裂痕，多见于外伤和皮炎。

二、鉴别诊断要点

猪皮肤病的鉴别诊断要点见表5-1。

表5-1 猪皮肤病的鉴别诊断要点

病名	病因学	发病年龄	病变	部位	发病率/死亡率	诊断	治疗	防治
猪口蹄疫	小RNA病毒科、单股正链RNA	各种年龄	以蹄部水疱为特征，体温升高，全身症状明显	蹄冠、蹄叉、蹄踵	幼仔猪可引起100%的发病，死亡率可达80%以上	临诊症状，最终确诊要靠实验室诊断	扑杀病畜及染毒动物	免疫接种
猪水疱病	猪水疱病病毒、单股RNA	各种年龄、性别、品种的猪均可感染	主要表现为病猪的趾、附趾的蹄冠以及鼻盘、舌、唇和母猪乳头发生水疱	蹄部、鼻镜部、口腔上皮、舌及乳头	发病率差别大，有的不超10%但有的达100%，死亡率一般很低	实验室诊断：荧光抗体试验	扑杀病猪、无害化处理、进行紧急接种	预防本病的要措施是防止本病传入，应严格检疫
猪痘	正痘病毒、猪痘病毒	哺乳猪和断奶猪，也可达4月龄	水泡、丘疹，达6mm的脓疱	分布广，主要在腹部	不一致，一般很低	临床症状，组织学，血清学	控制继发细菌感染	控制猪虱

（续）

病名	病因学	发病年龄	病变	部位	发病率/死亡率	诊断	治疗	防治
猪丹毒	丹毒杆菌	各种年龄，但哺乳仔猪不常发	红斑，隆起长方形等规则的肿块、坏死，败血症	分布广，肩部、背部、腹部、后腿跗部等部位	发病率高达100%死亡率低	特征性皮肤病变，细菌学	青霉素	菌苗接种，血清免疫
坏死杆菌病	创伤+坏死杆菌+继发细菌	从出生至3周龄	浅表溃疡，褐色硬痂	面部、颊部、眼、齿龈	发病率高达100%死亡率低	齿伤，细菌学	抗菌药	出生剪齿时，一定要注意工具卫生
渗出性皮炎	葡萄球菌+其他因子、皮肤擦伤	1～4周龄为急性；4～12周龄为局灶性	皮肤渗出、油脂皮、红斑	小猪广泛分布；大猪呈局限性	通常低，偶然流行达90%，死亡率低	临床症状，细菌学检查，组织学检查	抗菌药	改善卫生状况，减少擦伤
锌缺乏症	饲料中缺锌，饲料存在干扰锌吸收利用的因素	种公猪、母猪、生产和后备母猪、仔猪等均可患病	食欲不振、生长迟缓、脱毛、皮肤痂增生、皲裂	对皮肤角化不全因锌缺乏引起的皮肤损伤	种公猪、母猪发病率高，而仔猪发病率低	临床表现，测定血清和组织中锌的含量有助于确定诊断	使用锌元素注射制剂进行必要的治疗	饲料中添加定量的锌元素

（续）

病名	病因学	发病年龄	病变	部位	发病率/死亡率	诊断	治疗	防治
感光过敏	长期采食大量的富含特异性感光物质的植物	白色皮肤动物特有的一种疾病	皮肤红斑、疹块、溃疡，主要表现为皮炎，并且只局限于日光能够照射到的无色素的皮肤	头部、背部和颈部等皮肤	一般无死亡率	发生于白色皮肤猪只的病史，以及临诊症状可做出诊断	治疗原则是抗炎、抗过敏，停喂致敏野草，把病猪移到荫蔽处	不给大量含有感光物质的植物，防止暴晒

第二节　常见疾病的鉴别诊断与防治

一、猪口蹄疫

口蹄疫（foot-and-mouth disease，FMD）是由口蹄疫病毒（FMDV）引起的偶蹄兽的一种急性、热性、高度接触性传染病，以患畜的口唇、蹄部出现水疱性病症为特征。世界动物卫生组织（OIE）将该病列在 15 个 A 类动物疫病名单之首，我国政府也将其排在一类动物传染病的第一位。

【流行特点】　口蹄疫的特点是起病急，传播极为迅速。本病的发生和流行同样离不开传染病的三要素构成的链条，其流行强度、波及范围与病毒株、宿主抵抗力和环境等多种因素有关。

（1）传染源　处于口蹄疫潜伏期和发病期的动物，几乎所有的组织、器官以及分泌物、排泄物等都含有口蹄疫病毒。病毒随同动物的乳汁、唾液、尿液、粪便、精液和呼出的空气等一起排放于外部环境，造成严重的污染，形成该病的传染源。

（2）传播方式　口蹄疫病毒传播方式分为接触传播和空气传播，接触传播又可分为直接接触和间接接触。目前尚未见到口蹄疫垂直传播的报道。

1）接触传播：直接接触主要发生在同群动物之间，包括圈舍、牧场、集贸市场、展销会和运输车辆中动物的直接接触，通过发病动物和易感动物直接接触而传播。间接接触主要指媒介物机械性带毒所造成的传播，包括无生命的媒介物和有生命的媒介物。野生动物、鸟类、啮齿类、猫、狗、吸血蝙蝠、昆虫等均可传播此病。通过与病畜接触或者与病毒污染物接触，携带病毒机械地将病毒传给易感动物。

2）空气传播：口蹄疫病毒的气源传播方式，特别是对远距离传播更具流行病学意义。感染畜呼出的口蹄疫病毒形成很小的气溶胶粒子后，可以由风传播数十到百千米，具有感染性的病毒能引起下风处易感畜发病。影响空气传播的最大因素是相对湿度（RH）。RH高于55%以上，病毒的存活时间较长；低于55%，则很快失去活性。在70%的相对湿度和较低气温的情况下，病毒可见于100km以外的地区。

（3）易感猪感染途径 口蹄疫病毒可经吸入、摄入、外伤、胚胎移植和人工授精等多种途径侵染易感猪。吸入和摄入是主要的感染途径。近距离非直接接触时，气源性传染（吸入途径）最易发生。

（4）发病率猪 口蹄疫的发病率可达100%，仔猪常不见症状而猝死，严重时死亡率可达100%。

【临床症状及剖检变化】 在自然感染情况下，潜伏期一般1~2天。病猪主要表现以鼻镜和口唇形成水疱，病猪体温升高达41~42℃，在蹄冠部（见图5-1、图5-2）、蹄叉部（见图5-3）、蹄踵部（见图5-4）出现水疱、糜烂、脱皮及蹄匣分离或脱落为特征（见图5-5、图5-6）。跛行，患蹄不敢着地（见图5-7）。母猪乳房上发生水疱（见图5-8），仔猪可因肠炎和心肌炎死

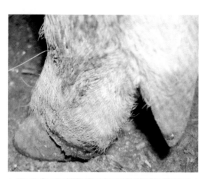

图5-1 蹄冠部出现水疱，水疱破裂后局部渗出且糜烂

亡（见图5-9）。

图5-2 蹄冠部糜烂，蹄匣分离

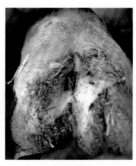

图5-3 蹄叉部发白而糜烂

图5-4 蹄踵部严重糜烂，表皮分离、脱落

图5-5 蹄匣分离欲脱落

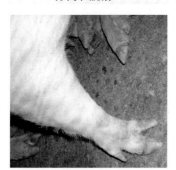

图5-6 康复中的蹄部变化，仍小心负重

图5-7 患猪出现瘸腿、跛行

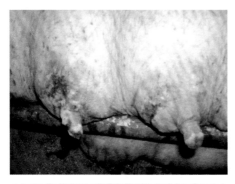

图5-8　母猪乳房上发生水疱

图5-9　仔猪因心肌炎而死亡

　　具有诊断意义的病理变化是心脏的病变，心脏稍松软，心肌纤维变性坏死，似煮肉状，心外膜和心肌切面可见灰白色及浅黄色条纹或斑块，像是老虎身上的斑纹，所以，心脏上的这种病理变化又称为"虎斑心"（见图5-10、图5-11、图5-12），有的还出现心包积液（见图5-13）。病死猪的四肢皮肤、口腔黏膜出现水疱和烂斑，特别是蹄部病变最典型。

图5-10　心肌出现明显的灰白色
条纹状坏死

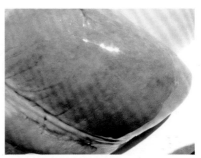

图5-11　虎斑心，心肌出现
灰白色及浅黄色条纹状
和斑块状坏死

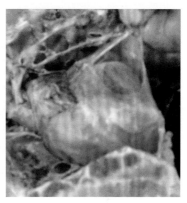

图 5-12 心肌横断面出现灰白色
的条纹，似煮肉状

图 5-13 心包内有少量积液

【类症鉴别】

与猪水疱病的鉴别 猪水疱病以流行性强，发病率高，蹄部、口部、鼻端和腹部、乳头周围皮肤和黏膜发生水疱为特征。临床表现该病潜伏期2～4天，体温变化、蹄部和口腔病变等与口蹄疫病表现相似，另外有少数病猪出现中枢神经紊乱症状，表现向前冲、转圈、用鼻磨蹭门栏、啃咬用具、眼球转动，有时出现强直性痉挛。但口蹄疫可造成仔猪出现急性胃肠炎和心肌炎，急性衰竭死亡，并且病死率较高，成年猪在蹄部、口腔黏膜、鼻部、皮肤及乳房发生水疱或溃烂，病死率低。

从临床角度看，猪水疱病一般只对猪的肥育计划产生轻微的影响，但本病的症状与口蹄疫的症状很难区别，从而妨碍了猪和猪产品的流通与国际贸易。

【预防】

1）扑杀病畜及染毒动物。扑杀动物的目的是消除传染源，病毒是最主要的传染源，其次是隐性感染动物和牛、羊等持续性感染带毒动物。疫情发生后，可根据具体情况决定扑杀动物的范围，扑杀措施由宽到严的次序可为病畜→病畜的同群畜→疫区所有易感动物。

2）免疫接种。其目的是保护易感动物，提高易感动物的免疫水平，降低口蹄疫流行的严重程度和流行范围。现行油佐剂灭活苗的注射密度达80%以上时，能有效遏制口蹄疫流行。免疫接种可分为常年计划免疫、疫区周围环状免疫和疫区单边带状免疫。实施免疫接种应根据疫情选择疫苗种类、剂量和次数。常规免疫应保证每年2~3次，每头份疫苗含3个PD50（指半数保护量，即能保护50%受试动物的血清或疫苗的剂量）以上。紧急预防应将每头份疫苗提高到6个PD50，并增加免疫次数。

3）限制动物、动物产品和其他染毒物品移动。其目的是切断传播途径。小到一个养猪户，大到一个国家，要想保持无口蹄疫状态，必须对上述动物和物品的引入和进口保持高度警惕。疫区必须有全局观念，其易感动物及其产品运出是疫情扩散的主要原因。

4）动物卫生措施。疫区除对场地严格消毒外，还要关闭与动物及产品相关的交易市场。

5）流行病学调查。包括疫源追溯和追查易感动物及相关产品外运去向，并对之进行严密监控和处理。

【临床用药指南】

1）口蹄疫外源性抗体（超免蛋白-Ⅴ）。用法：一次肌内注射，按每千克体重0.1mL用药，首次量加倍，可有效控制引发的心肌炎，有效控制死亡；也可用本品做紧急免疫。（如有混感症状需要配合比较敏感的抗生素使用，如头孢噻呋钠、头孢喹肟等）。配合荆防败毒散、黄连解毒汤或清瘟败毒散等抗病毒中成药进行全群预防和治疗。

2）外部损伤。损伤处可使用0.1%高锰酸钾溶液、碘甘油或1%~2%甲紫溶液：先以0.1%高锰酸钾溶液冲洗患部，然后涂碘甘油或甲紫溶液。

3）中草药处方。贯众15g、桔梗12g、山豆根15g、连翘12g、大黄12g、赤芍9g、生地9g、花粉9g、荆芥9g、木通9g、甘草9g、绿豆粉30g。

用法：共研末，加蜂蜜100g为引，开水冲服，每天一剂，连用2~3剂。

二、猪水疱病

猪水疱病（swine vesicular disease，SVD）又称猪传染性水疱病，是由肠道病毒属的病毒引起的一种急性、热性接触性传染病。其特征是病猪的蹄部、口腔、鼻端和母猪乳头周围发生水疱。

【流行特点】　处于猪水疱病潜伏期的活猪、病猪及其产品是最主要的传染源。牛和羊与受猪水疱病病毒感染的猪混群后，可以从其口腔、乳和粪便中分离出猪水疱病病毒，而且羊体内可以发生猪水疱病病毒的增殖，但它们无任何临诊症状。对于牛和羊能否成为传染源以及在传播中的作用尚无定论，但机械传播是可能的。猪只的小伤口或擦痕可能是主要的感染途径，其次是消化道感染。感染母猪有可能通过胎盘传染给仔猪。在实际病例中，大部分猪水疱病与饲喂污染的食物（如泔水、洗肉水等）、接触污染的场地和运输车辆或引进病猪有关。猪水疱病的暴发无明显的季节性，一般寒冷季节多发。不同品种、不同年龄的猪均易感，但猪水疱病发病率较低。

【临床症状】　猪水疱病的潜伏期为 2~6 天，接触传染潜伏期 4~6 天，喂感染的猪肉产品，则潜伏期为 2 天。蹄冠皮内接种 36h 后即可出现典型病变。首先观察到的是猪群中个别猪发生跛行。而在硬质地面上行走则较明显，并且常弓背行走，有疼痛反应，或卧地不起，体格越大的猪越明显。体温一般上升 2~4℃。损伤一般发生在蹄冠部（见图 5-14、图 5-15、图 5-16、图 5-17、图 5-18、图 5-19）、蹄叉间，可能是单蹄发病，也可能多蹄都发病。皮肤出现水泡与破溃，并可扩展到蹄

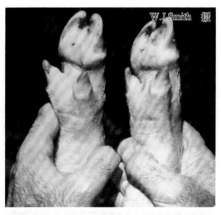

图 5-14　感染 24h 后，引起蹄冠肿胀

底部，有的伴有蹄壳松动，甚至脱壳。水泡及继发性溃疡也可能发生在鼻镜部、口腔上皮、舌及乳头上（见图5-20）。一般接触感染经2~4天的潜伏期出现原发性水泡，5~6天出现继发性水泡。接种感染2天之内即可发病。猪一般3周即可恢复到正常状态。发病率在不同暴发点差别很大，有的不超过10%，但也有的达100%。死亡率一般很低。对哺乳母猪进行实验感染，其哺育的仔猪的发病率和死亡率均很高。有临诊症状的感染猪和与其接触的猪都可产生高滴度的中和抗体，并且至少可维持4个月之久。

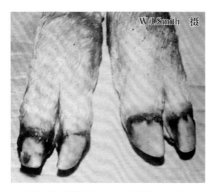

图 5-15　感染 5 天后，蹄冠损伤

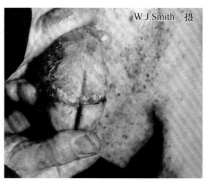

图 5-16　感染 9 天后，蹄冠裂开

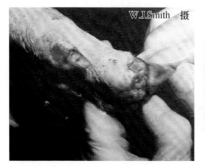

图 5-17　感染 13 天后，蹄壳
脱落

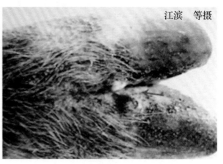

图 5-18　蹄部皮肤出现水疱
和溃烂斑

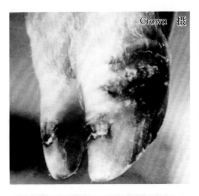

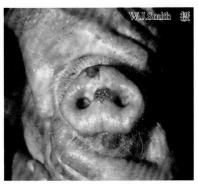

图 5-19 水疱病发生后，因继发细菌感染使蹄角质坏死、趾部皮肤坏死

图 5-20 鼻盘和下唇的溃疡

【类症鉴别】

与腐蹄病的鉴别 腐蹄病患猪不站立或站立不稳。蹄间和蹄冠皮肤充血、红肿。严重者蹄趾间皮肤及蹄底破损处流黄色水样液，蹄匣松动，触诊疼痛反射敏感。蹄底及蹄趾间皮肤肿胀，两趾外展，穿刺后很快渗出黄色脓汁。

【预防】

1）禁用未经煮沸的泔水喂猪。

2）接种疫苗。猪水疱肾传细胞弱毒苗：用于预防接种，对大小肥猪，均可在股部深部肌内注射 2mL，注苗后 3~5 天即可产生坚强的免疫力，免疫期暂为 6 个月。猪水疱病细胞毒结晶紫疫苗：对健康的断奶猪、育肥猪均可肌内注射 2mL，免疫期为 9 个月。

【临床用药指南】 发病患猪，立即隔离，选择药物治疗。全身治疗联合用药如抗病毒中药、阿莫西林，每天 1 次，连续用药 3~5 天，可起到很好的康复效果。局部治疗可选浓度为 20% 的碘甘油、1% 的甲紫溶液、5% 的碘酊溶液，任选其一，冲洗病患部位，其后肌内注射抗生素，然后取金霉素、紫草、阿莫西林、凡士林等自制软膏进行涂抹，每天 2 次，连续用药 3~7 天，可缩短病程，减少死亡率。恶性病例除了上述治疗之外，还应做好强心、滋补准备，对于康复效果较好。

三、猪痘

猪痘（swine pox）是由痘病毒引起的一种急性、热性传染病，其特征是病猪皮肤上出现典型的痘疹。

【流行特点】 猪痘常发生于 1~2 月龄的仔猪，成年猪发病较少。病猪和病愈带毒猪是本病的传染源。病毒随病猪的水疱液、脓汁和痂皮污染周围环境。主要经损伤的皮肤或黏膜感染，也可经呼吸道、消化道传染。此外，猪血虱、蚊、蝇等外寄生虫也可参与传播。本病传染快，同群猪感染率可达 100%，但死亡率一般不超过 3%~5%，多数是因并发症造成的，大多数患畜在 3 周后恢复。猪痘有明显的季节性，主要发生在每年的 5~7 月份，以春夏季节多发，可呈地方流行性。常被误认为由蚊虫叮咬所致，冬季来临后停息。

【临床症状】 猪痘发生于幼猪、育肥猪，潜伏期 5~7 天，典型病例初呈现红斑，遍布全身，继而出现孤立圆形丘疹，突出于皮肤，发展成水泡，转为脓疱，破溃后形成痂皮。一般很少影响进食，饮水正常。整个发展过程中，患猪表现奇痒难耐，磨蹭墙壁及围栏。

病初体温升高至 41.5℃ 左右，精神不振，食欲减退，不愿行走，瘙痒，少数猪的鼻、眼有分泌物。随之在少毛部位发生白斑，开始为深红色的硬结节，突出于皮肤表面（见图 5-21，图 5-22），腹下、头部、四肢及胸部皮肤略呈半球状，不久变成痘疹，逐渐形成脓疱，继而结痂痊愈（见图 5-23、图 5-24）。病程 10~15 天，病死率不高，如管理不当或继发感染，可使病死率升高，特别是幼龄仔猪。

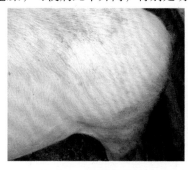

图5-21 深红色的硬结节，
突出于皮肤表面

图5-22 突出于皮肤表面的
深红色硬结节

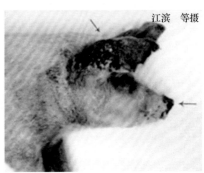

图 5-23　腹下皮肤上的结痂　　　　图 5-24　耳朵和鼻盘上的结痂

【病理剖检变化】　猪痘病毒引起体表皮肤损伤，在组织切片中，可见皮肤的表皮棘细胞水肿、变性，并见细胞质内有包涵体，包涵体内有小颗粒状的原生小体；胞核中可见大小不等的空泡化；在猪痘疫苗注射处皮肤的表皮棘细胞的胞核内，则不见空泡化。在痘病的后期，常见上皮细胞坏死，真皮和表皮下层出现中性粒细胞和巨噬细胞的浸润。

【类症鉴别】　猪痘与猪圆环病毒病的鉴别诊断如下：

1）猪痘传播快，感染率高，除了有患病史外，一般都会感染，而圆环病毒病传播相对较慢，主要侵害架子猪。

2）猪痘中央凹陷如肚脐，多是孤立的，密度稍小。有时猪痘发展有一个循序渐进的过程：斑点（发红）→丘疹（水肿的红斑）→水疱（从痘病变中流出液体)→脓疱或形成硬皮。而圆环病毒病的皮疹起疹急，有时一夜突然遍布全身，且密度大。

3）猪痘痘疹主要发生于躯干的下腹部、四肢内侧、鼻镜、眼皮、耳部等无毛和少毛部位。而圆环病毒病感染可引起多个系统衰竭和进行性消瘦，病猪皮肤苍白、贫血，皮疹在远心端或后躯最为严重。

4）猪痘一般病死率极低，除痘疹外，几乎没有其他病变。而圆环病毒病全身淋巴结肿大，肾脏肿大，呈花斑状。因此，只要全方位了解，细心观察，诊断失误是可以避免的。

5）猪痘传染快，同群猪感染率可达 100%。病初皮肤上出现圆形、红色斑点，后逐渐扩大，形成硬固的红色结节样丘疹，突出于皮肤表面，略呈半球形，表面平整，边缘为浅灰色，随后结成暗棕色痂块，最后脱痂，留下白色瘢痕而愈，病程 10～15 天。在临诊上，猪痘一般没有明显的水疱和脓疱过程，临床发现只有少部分猪会出现水泡、脓疱症状。猪痘主要经损伤的皮肤或黏膜感染，此外，猪血虱、蚊、蝇等外寄生虫也可参与传播。此病由病毒引起，直接接触传播。皮肤损伤是猪痘感染的必要条件，大多数患畜在三周后恢复。控制猪痘的最佳方法莫过于加强卫生管理及清除一切外寄生虫。

【预防】

1）加强饲养管理，搞好卫生，做好猪舍的消毒与驱蚊灭虱工作。

2）搞好检疫工作，对新引入猪要搞好检疫，隔离饲养 1 周，观察无病方能合群。

3）防止皮肤损伤，对栏圈的尖锐物及时清除，避免刺伤和划伤，同时应防止猪只咬斗，肥育猪原窝饲养可减少咬斗。

【临床用药指南】 可用黄芪多糖等药物注射，用清热解毒的中药如板蓝根、黄芩、黄柏等拌料饲喂。溃烂的地方用紫药水、红霉素软膏涂布。同时用抗生素如环丙沙星、氟苯尼考等肌内注射，以防继发感染。

目前尚无疫苗可用于免疫，采用常规治疗方法，结合本场防疫程序，在定期预防的基础上，应用百毒杀等药品，按说明比例施药喷洒猪体、圈舍，以消除病原。为防感冒可在每日气温高时喷洒，每天 1 次或隔天 1 次。一般 5～7 天以结痂、脱落后康复。如不怕麻烦，可涂擦碘酊、甲紫溶液，其治疗效果更好。对个别出现体温升高的患猪，可用抗生素加退热药（青霉素、安乃近或阿尼利定等）控制细菌性并发症。

四、猪丹毒

猪丹毒（swine erysipelas）是由红斑丹毒丝菌（erysipelothrix rhusio-pathiae，俗称猪丹毒杆菌）引起的一种急性热性传染病。其主要特征为高热、急性败血症、皮肤疹块（亚急性）、慢性疣状心内膜炎及皮肤坏死与多发性非化脓性关节炎（慢性）。目前集约化养猪场比较少见，但仍未完全控制。本病呈世界性分布。

【流行特点】 本病主要发生于架子猪，其他家畜和禽类也有病例报告，人也可以感染本病，称为类丹毒。病猪和带菌猪是本病的传染源。

约35%～50%健康猪的扁桃体和其他淋巴组织中存在此菌。病猪、带菌猪以及其他带菌动物排出菌体（分泌物、排泄物）污染饲料、饮水、土壤、用具和场舍等，经消化道传染给易感猪。本病也可以通过损伤皮肤及蚊、虱、蜱等吸血昆虫传播。屠宰场、加工场的废料、废水，食堂的残羹，动物性蛋白质饲料（如鱼粉、肉粉等）喂猪常常引起发病。猪丹毒一年四季都有发生，有些地方以炎热多雨季节流行得最盛。本病常为散发性或地方流行性传染，有时也呈暴发性流行。

【临床症状】 潜伏期短则1天，长则7天。

（1）急性型 此型常见，以突然爆发、急性经过和高死亡为特征。病猪精神不振、高烧不退；不食、呕吐；结膜充血；粪便干硬，附有黏液。小猪后期下痢。耳、颈、背皮肤潮红、发紫。临死前腋下、股内、腹下有不规则鲜红色斑块，指压褪色而后又融合在一起。常于3～4天内死亡。病死率80%左右，不死者转为疹块型或慢性型。哺乳仔猪和刚断乳的小猪发生猪丹毒时，一般突然发病，表现神经症状，抽搐、倒地而死，病程多不超过1天。

（2）亚急性型（疹块型） 病较轻，头一两天在身体不同部位，尤其胸侧、背部、颈部至全身出现界限明显的圆形、四边形或菱形的疹块，有热感，俗称"打火印"（见图5-25、图5-26、图5-27），指压褪色。疹块突出皮肤2～3mm，大小约一至数厘米，从几个到几十个不等，干枯后形成棕色痂皮。病猪口渴、便秘、呕吐、体温高。疹块发生后，体温开始下降、病势减轻，经数日至旬余病猪自行康复。也有不少病猪在发病过程中，症状恶化而转变为败血型而死，病程约1～2周。

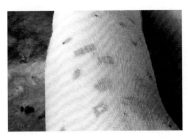

图5-25 病猪背部出现多个突出于皮肤表面的出血斑块

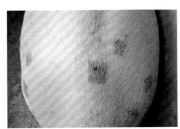

图5-26 病猪肩部出现的四边形出血斑块

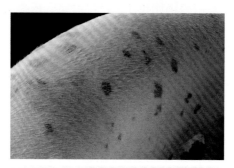

图 5-27　病猪腹侧出现多量突出于
皮肤表面的不同形状的出血斑块

（3）慢性型　由急性型或亚急性型转变而来，也有原发性，常见的有慢性关节炎型、慢性心内膜炎型和皮肤坏死等几种。

1）慢性关节炎型主要表现为四肢关节（腕、跗关节较膝、髋关节常见）的炎性肿胀，病腿僵硬、疼痛。以后急性症状消失，而以关节变形为主，呈现一肢或两肢跛行或卧地不起。病猪食欲正常，但生长缓慢，体质虚弱、消瘦。病程数周或数月。

2）慢性心内膜炎型主要表现消瘦、贫血、衰弱，喜卧，厌走动，强使行走则举止缓慢，全身摇晃。听诊心脏有杂音，心跳加速、亢进，心律不齐，呼吸急促。此种病猪不能治愈，通常由于心脏停搏突然倒地死亡。呈溃疡性或菜花样疣状赘生性心内膜炎。病程数周至数月。

3）慢性型的猪丹毒有时形成皮肤坏死。常发生于背、肩、耳、蹄和尾等部。局部皮肤肿胀、隆起、坏死、色黑、干硬、似皮革。逐渐与其下层新生组织分离，犹如一层甲壳。坏死区有时范围很大，可占整个背部皮肤；有时可在部分耳郭、尾巴末梢、各蹄壳发生坏死。约经 2～3 个月坏死皮肤脱落，遗留一片无毛、色浅的疤痕而愈。如有继发感染，则病情复杂，病程延长。

【病理剖检变化】

（1）急性型　胃底及幽门部黏膜发生弥漫性出血，小点出血；整个肠道都有不同程度的卡他性或出血性炎症；脾脏肿大，呈典型的败血脾（见图 5-28）；肾脏瘀血、肿大，有"大红肾"或"大紫肾"之称（见图 5-29、图 5-30）；淋巴结充血、肿大，切面外翻，多汁；肺脏瘀血、水肿（见图5-31）；心脏内外膜均出血（见图5-32、图5-33）。

图5-28　脾脏肿大，呈紫红色，
表现出典型的败血脾

图5-29　肾脏瘀血、肿大，呈紫
红色，俗称"大红肾"

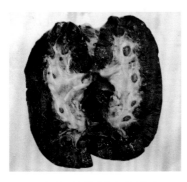

图5-30　肾脏皮质部严重
瘀血，呈紫红色，髓质部
也有充血和出血

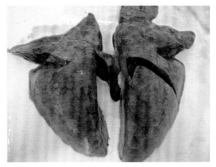

图5-31　肺脏瘀血、出血、水肿

图5-32　心外膜严重出血

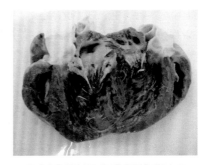

图5-33　心内膜严重出血

（2）**亚急性型** 充血斑中心可因水肿压迫呈苍白色。

（3）**慢性型** 心内膜炎：在心脏可见到疣状心内膜炎的病变，二尖瓣和主动脉瓣出现菜花样增生物（见图5-34）。关节炎：关节肿胀，有浆液性、纤维素性渗出物蓄积。

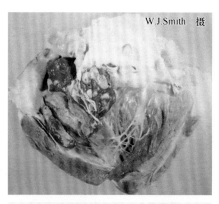

W.J.Smith 摄

图5-34 慢性猪丹毒，心脏瓣膜上出现菜花状赘生物，切开内呈浅黄色

〖类症鉴别〗

（1）**与猪瘟的鉴别** 猪瘟病猪精神差，发热，体温在40～42℃，呈现稽留热，喜卧、弓背、寒战及行走摇晃。食欲减退或废绝，喜欢饮水，有的发生呕吐。结膜发炎，流脓性分泌物并将上下眼睑粘住，不能张开，鼻流脓性鼻液。初期便秘，干硬的粪球表面附有大量白色的肠黏液，后期腹泻，粪便恶臭，带有黏液或血液，病猪的鼻端、耳后根、腹部及四肢内侧的皮肤及齿龈、唇内、肛门等处黏膜出现针尖状出血点，指压不褪色，腹股沟淋巴结肿大。公猪包皮发炎，阴鞘积尿，用手挤压时有恶臭浑浊液体射出。小猪可出现神经症状，表现磨牙、后退、转圈、强直、侧卧及游泳状，甚至昏迷等。

（2）**与猪链球菌病的鉴别** 猪链球菌病多为高热、伴全身不适、头痛、身痛。部分病猪出现恶心、呕吐、腹痛、腹泻。皮肤出血点、瘀点和瘀斑。血压下降，脉压缩小，很快出现休克。

（3）**与猪肺疫的鉴别** 猪肺疫体温升高到41～42℃，食欲废绝，呼吸困难，心跳急速，可视黏膜发绀，皮肤出现紫红斑。咽喉部和颈部发热、红肿、坚硬，严重者延至耳根、胸前。病猪呼吸极度困难，常呈犬坐姿势，伸长头颈，有时可发出喘鸣声，口鼻流出白色或带有血色的泡沫。一旦出现严重的呼吸困难，病情迅速恶化，很快死亡。

【预防】

1）猪丹毒其实并不可怕，只要积极治疗，治愈率还是较高的。将个别发病猪只隔离，同群猪拌料用药。在发病后 24 ~ 36h 内治疗，疗效理想。首选药物为青霉素类（阿莫西林）、头孢类（头孢噻呋钠）。对该细菌应一次性给予足够药量，以迅速达到有效血药浓度。将发病猪只隔离，若 50kg 体重可注射阿莫西林 2g + 清开灵注射液 20mL，每天 1 次，直至体温和食欲恢复正常后 48h 停药。药量和疗程一定要足够，不宜过早停药，以防复发或转为慢性。同群猪可按 1000kg 饲料用清开灵颗粒 1kg、70% 水溶性阿莫西林 800g，拌料治疗，连用 3 ~ 5 天。

2）如果生长猪群不断发病，则有必要采取免疫接种，选用二联苗或三联苗，8 周龄 1 次，10 ~ 12 周龄最好再免疫 1 次。为了防止母源抗体干扰，一般 8 周龄以前不做免疫接种。

3）疫病流行期间，预防性投药，全群可按 1000kg 饲料用清开灵颗粒 1kg、70% 水溶性阿莫西林 600g，均匀拌料，连用 5 天。

4）加强定期消毒和饲养管理，保持栏舍清洁卫生和通风干燥，避免高温高湿。重视屠宰厂、交通运输、农贸市场的检疫工作，对购入的新猪隔离观察 21 天，对圈舍、用具定期消毒。发生疫情隔离治疗、消毒。未发病猪用青霉素注射，每天 2 次，3 ~ 4 天为止，加强免疫。

5）预防免疫，种公、母猪每年春秋两次进行猪丹毒氢氧化铝甲醛苗免疫。育肥猪 60 日龄时进行 1 次猪丹毒氢氧化铝甲醛苗或猪三联苗免疫 1 次即可。

【临床用药指南】

1）母猪、仔猪治疗。红斑丹毒丝菌对青霉素非常敏感。急性病例可用速效青霉素治疗，每天 2 次，连续 3 天。也可以采用长效青霉素（需注意该剂型的药效持续时间），一次性治疗，覆盖 48h，之后也可再来 1 次。用药方式采用肌内注射，每 10kg 体重 1mL（300, 000 国际单位/mL）；也可在每 1000kg 饲料中添加 200g 青霉素 V，连续 10 ~ 14 天。这种用药方式不仅用作预防非常有效，还可以在大范围暴发的情况下用作治疗。四环素也有效果。

2）断奶猪、生长猪治疗。本病首选治疗药物为青霉素，药效快。如果患畜为急性发病，应采用短效青霉素每天注射 2 次，持续 4 天。如非急性发病，可采用长效青霉素。临床上用药 24h 后病畜即可恢复正常。

如果病猪数目较多，则有必要对易感群体进行全群注射治疗。可先采用饮水用药，再继以饲料用药。在每 1000kg 饲料中添加青霉素 V 200g 或四环素 500g。青霉素 V 还可以用在疾病即将暴发时的预防性投药。如果肥育猪当中有个别病例出现，则应在不同批次之间对圈舍进行清洗消毒。

五、坏死杆菌病

坏死杆菌病（necrobacillosis）是由坏死杆菌引起的畜禽共患慢性传染病，以蹄部、皮下组织或消化道黏膜的坏死为特征。有时转移到内脏器官如肝脏、肺脏形成坏死灶，有时引起口腔、乳房坏死。多发生于猪收购场、集散地和临时棚圈。

【流行特点】　家畜以牛、羊、马、猪、鸡和鹿易感。病畜是本病的传染源，病菌随病灶的分泌物和坏死组织排出，经过损伤的组织和黏膜感染，新生畜可经脐带感染。本病多发生在雨季和低洼潮湿地区，一般呈散发或地方性流行。

【临床症状及病理剖检变化】　潜伏期 1~3 天，有的仅几小时。由于感染的动物和侵入病原菌的部位不同，临床表现也不同。猪的坏死杆菌病以坏死性皮炎较多。表现在皮肤和皮下组织发生坏死和溃疡，病初体表出现小丘疹，顶部形成干痂，干痂深部迅速坏死。如不及时治疗，病变组织可向周围及深部组织发展，形成创口较小而坏死腔较大的囊状坏死灶。流出黄色、稀薄、恶臭的液体（见图 5-35），无痛感；有的发生于蹄部，形成腐蹄病（见

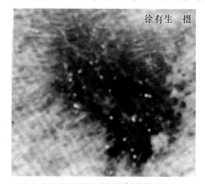

徐有生　摄

图 5-35　坏死杆菌感染造成的坏死性皮炎

图5-36）；有的发生于内脏，如造成坏死性肠炎（见图5-37）。

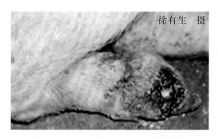

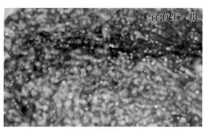

图5-36 坏死杆菌感染造成的 　　　图5-37 坏死杆菌感染造成的
　　　　 腐蹄病 　　　　　　　　　　　　 坏死性肠炎

【类症鉴别】 本病应注意与葡萄球菌病相鉴别。葡萄球菌病多为金黄色葡萄球菌感染，流黄白色脓汁。而坏死杆菌多流出黑色坏死组织分泌物，有恶臭。

【预防】 保持畜舍干燥，避免皮肤黏膜损伤，发现外伤应及时清洗伤口，必要时用药包扎。重视平时的卫生消毒工作。

【临床用药指南】 发生坏死性皮炎的病母猪应隔离治疗。首先彻底清除创内的坏死组织，至露出红色创面为止，尔后用3%过氧化氢溶液冲洗，最后涂擦1:4的福尔马林松馏油合剂。同时在饲料中投加土霉素；严重者注射青霉素。

对发生坏死性口炎、肠炎的病仔猪，先除去口腔伪膜，用0.1%高锰酸钾溶液冲洗口腔，再涂以碘甘油。同时在饲料中投加土霉素，肌内注射磺胺嘧啶。采取上述防治措施20天后，病猪可基本痊愈。

六、猪渗出性皮炎

猪渗出性皮炎（exudative epidermitis，EE）又称溢脂性皮炎或煤烟病，本病是由葡萄球菌严重感染皮肤引起的一种疾病。病原上叫猪的葡萄球菌病。本病主要感染初生哺乳仔猪和刚断奶仔猪，近年来在个别猪场偶有发生，但发病次数少，专业杂志上也很少报道，猪场往往误诊为疥螨病或维生素A缺乏症，延误了治疗时间，造成较严重的损失。

【流行特点】

1）本病主要侵害哺乳仔猪，尤其是刚出生3～5天的仔猪发病率高，传染迅速，死亡率也高，因此对产舍及临产母猪躯体应进行清洗、消毒，产舍应保持干净、干燥、通风。刚出生的仔猪应将体表黏液擦干净，放在松软的干草或统糠垫料上。

2）本病传染很快，只要有一头仔猪发病，即可在1~2天波及全窝，3~5天扩散到几窝甚至整座产仔舍。一旦发病应及时严格隔离，病猪由专门饲养员专人饲养，各种用具应与健康猪隔离使用。病猪栏及走道要彻底消毒。对病猪采取相应治疗措施，减少损失。

【临床症状】 一般多发于仔猪，猪只突然发病，先是仔猪吻突及眼睑出现点状红斑，后转为黑色痂皮，接着全身出现油性的黏性滑液渗出（见图5-38），气味恶臭，然后黏液与被毛一起干燥结块贴于皮肤上，形成黑色痂皮，外观像全身涂上了一层煤烟（见图5-39、图5-40），随后病情更加严重，有的仔猪不会

图5-38 全身出现油性的黏性渗出物

吮乳，有的出现四肢关节肿大，不能站立，全身震颤，有的出现皮肤增厚、干燥、皲裂（见图5-41），呼吸困难、衰弱、脱水，败血死亡。

张米申 等摄

图5-39 全身皮肤出现油性渗出物，形成黑色痂皮

图5-40 渗出性皮炎的病猪全身皮肤似油皮，像全身涂上了一层煤烟

【病理剖检变化】　病猪全身黏胶样渗出，恶臭，全身皮肤形成黑色痂皮，肥厚干裂，痂皮剥离后露出桃红色的真皮组织（见图5-42），体表淋巴结肿大，输尿管扩张，肾盂及输尿管积聚黏液样尿液。

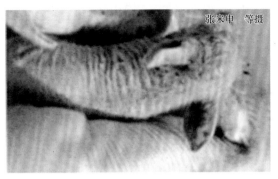

张米申　等摄

图5-41　皮肤裂隙中的皮脂及血清渗出形成痂皮，似疥癣病症

图5-42　皮肤上的黑色痂皮剥离后露出桃红色的真皮组织

【临床用药指南】

1）对病猪严格隔离，对猪舍彻底消毒。

2）用0.1%高锰酸钾溶液浸泡发病仔猪身体1~2min，头部用药棉沾高锰酸钾溶液清洗病灶，然后擦干、晾干后涂上甲紫。对初发少数病灶直接涂上甲紫，效果很好。

3）每头病猪用青霉素5万单位进行肌内注射，每天2次，连用3~5天。

七、猪锌缺乏症

猪锌缺乏症（zinc deficiency）是猪的一种营养代谢病，分为原发性和继发性缺锌。病猪表现食欲不振、生长迟缓、脱毛、皮肤痂皮增生、皲裂等特征。

【流行特点】　猪场的种公猪、母猪、生产和后备母猪、仔猪等均可患病。种公猪、母猪发病率高，而仔猪发病率低，由此证明，该病随年龄增大发病率增高。农户散养猪和猪舍结构简单的猪只一般不发病，多见于生活在水泥或砖地面的圈舍的猪只发病。特别要注意高钙饲料可影响锌的吸收利用。该病无季节性。

【临床症状】　猪只厌食，饲料利用率低，生长发育缓慢乃至停滞，生产性能减退；繁殖机能异常，分娩时间延长，死胎率增加，出生仔猪体重降低，个体变小；皮肤角化不全，痂皮增生、皲裂（见图5-43、图5-44）；最初，被毛粗乱异常（见图5-45），背部沿脊柱常常出现一条皮肤角化不全的污色长带（见图5-46）；创伤愈合缓慢，免疫功能缺陷。病初便秘，以后呕吐腹泻，排出黄色水样液体，但无异常臭味。猪只腹下、背部、股内侧和四肢关节等部位的皮肤发生对称性红斑，继而发展为直径3～5mm的丘疹，很快表皮变厚，有数厘米深的裂隙，增厚的表皮上覆盖以容易剥离的鳞屑。临床上病猪没有痒感，但常继发皮下脓肿。病猪生长缓慢，被毛粗糙无光泽，全身脱毛，个别变成无毛猪。脱毛区皮肤上常覆盖一层灰白色物质。严重缺锌病例，母猪出现假发情，屡配不孕，产仔数减少，新生仔猪成活率降低，弱胎和死胎增加。公猪睾丸发育及第二性征的形成缓慢，精子缺乏。遭受外伤的猪只，伤口愈合缓慢，而补锌后则可迅速愈合（见图5-47、图5-48、图5-49）。

图5-43　皮肤角化不全，痂皮增生、皲裂

图5-44　皮肤角化不全、皲裂

图 5-45　病初可见被毛
粗乱异常

图 5-46　发病早期可
见脊背部出现一条皮肤
角化不全的污色长带

图 5-47　锌缺乏症治疗第 1 天

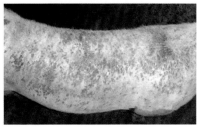

图 5-48　锌缺乏症治疗第 8 天，
症状减轻

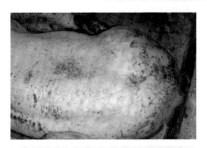

图 5-49　锌缺乏症治疗第 13 天，
症状明显好转，逐渐痊愈

【类症鉴别】 临床上主要与疥螨病和渗出性皮炎相区别。疥螨病具有明显的瘙痒症状，皮肤粗糙，摩擦处猪毛脱落。用皮肤刮取物镜检可发现疥螨。使用适量的杀虫剂治疗后，很快痊愈。渗出性皮炎主要见于未断奶仔猪，病变具有滑腻性质。

【临床用药指南】 肌内注射碳酸锌 2~4mg/kg 体重，每天 1 次，连续使用 10 日，1 个疗程即可见效。内服硫酸锌 0.2~0.5g/头，对皮肤角化不全和因锌缺乏引起的皮肤损伤，数日后即可见效，经过数周治疗，损伤可完全恢复。饲料中加入 0.02% 的硫酸锌、碳酸锌、氧化锌，对本病兼有治疗和预防作用。但一定注意其含量不得超过 0.1%，否则会引起锌中毒。按饲养标准的补锌量每 1000kg 饲料内加硫酸锌或碳酸锌 180g，也可饲喂葡萄糖酸锌，具有预防效果。

八、猪感光过敏

猪感光过敏（photosensitization）是由于猪长期采食大量的富含特异性感光物质后，因对日光敏感性增高而出现的一类过敏性症状。病猪会发生皮肤红斑、疹块、溃疡等症状。猪发生感光过敏需具备 3 个条件：阳光直射、无色或浅色皮肤内存在足量的光敏物质，这种皮肤还需要经过一定时间的太阳照射。

案例：山东某县一养猪场给开放式猪舍饲养的母猪和肥育猪补饲了大量的紫花苜蓿和三叶草，约计 3h 后，猪头部、颈部和背部等部位相继出现红色斑状疹块、精神兴奋、到处乱窜、蹭痒等现象，发病 68 头，发病率达 83%。

【临床症状】 病猪大多数为白色皮肤，兼有黑白相间的皮肤患猪。轻症患猪表现精神不振，皮肤发红，慢慢地在皮肤无毛或少毛部位（如头部、颈部、背部等）出现大小不等的红色斑状疹块，大至核桃，小至米粒，且红斑突出于皮肤表面，用手指按压不褪色，但有热痛，爱蹭痒，有的出现水疱；重症患猪，红色疹块肿胀严重，四处乱窜，奇痒难忍，蹭痒次数增多且剧烈，水疱破溃后，流出浅黄色液体，病程长者，继而出现结痂，个别由于处理不及时，出现细菌感染而引起皮肤坏死，病猪体温有所升高，大多在 39~40℃，个别猪出现呼吸困难、四肢无力、昏迷等症状。

【病理剖检变化】 除内脏组织器官有不同程度的充血，肝脏、脾脏稍有肿大，边缘有少量的针尖状出血外，无其他明显的病理变化。

【预防及临床用药指南】

1）立即停喂含有感光过敏物质的饲料如紫花苜蓿和三叶草，并将猪舍中剩余的部分牧草清理出去。

2）在敞开式的畜舍前面挡上遮阳网，并将中毒严重的患猪赶到阴暗避光的畜舍进行治疗饲养。

3）对于症状较轻的患猪，在皮肤患处涂擦氧化锌油膏；病猪皮肤患部破溃者可用0.2%高锰酸钾溶液清洗，并涂以鱼石脂软膏，每天3次；为减少猪只的皮肤瘙痒，每头猪可肌内注射抗组胺类药物如苯海拉明40~60mg，每天1次，及脱敏药物如钙制剂、肾上腺皮质激素等，进行脱敏处理。

4）给病猪适量投服缓泻剂，如人工盐、大黄等，以清除消化道内尚未被消化吸收的有害物质。

5）为促进病猪解毒、排毒，提高机体的抵抗力，在饮水中可加入适量的葡萄糖、维生素C；在饲料中添加足量的维生素A、维生素D、维生素E，并且投喂其他的青绿饲料。

6）对于病程稍长、患病较重的猪，除采取以上的处理措施外，可对症进行消炎治疗，每头猪用青霉素80~160万国际单位、链霉素50~100万国际单位、安乃近注射液1~5g，肌内注射，每天2次。

第六章

中毒性疾病的鉴别诊断与防治

第一节　中毒性疾病的发生因素及中毒机理

猪中毒病普遍发生在世界各地，是当前危害养猪业生产的重要问题之一，它可因死亡、生产性能下降或者形成地方疾病而带来巨大的经济损失。

一、疾病发生的因素

引起动物中毒的原因有自然因素和人为因素两大方面。具体又可分为以下因素：

（1）有毒植物　在收获的时候一并混入加工的饲料中引起猪的中毒发生，或者误食、采食有毒植物，比如萱草（俗称黄花菜、金针）根等。

（2）无机元素　由于无机元素在土壤或者饮水中浓度过高，被植物吸收再被猪采食引起群发性中毒，成为地方病，如硝酸盐中毒等。

（3）动物毒腺　如将河豚的内脏喂猪，引起猪中毒。

（4）工业污染　指工厂的含毒废气、废水与废渣污染局部地区的牧草与水源，如氟及氟化物中毒。

（5）农药污染　如有机氟、有机磷杀虫剂、灭鼠剂等，在杀灭的同时会污染饲草，通过食物链导致猪中毒。

（6）药物使用不当　药物过量，剂量或者浓度过大都会引起中毒。

（7）饲料问题　含有抗营养因子的饲料，或者储存过程中发霉引发猪中毒。

（8）人为投毒　虽然属于偶然事件，但也应在注意范围之内。

二、中毒机理

毒物的毒理作用和药物的作用是一样的，毒物进入动物机体之后，通过吸收、分布、代谢和排泄，从而损害机体的组织以及生理机能，发生中毒现象。中毒机理主要有：

1）局部的刺激作用和腐蚀作用，这主要是化学作用的直接损害。

2）阻止氧的吸收、转化和利用，造成机体缺氧。

3）抑制酶系统的活性。

4）对亚细胞的作用。

5）放射性物质的毒理作用，主要是由于放射性物质的电离作用所产生的自由基团从而引起致毒。

第二节 中毒性疾病的诊断思路及鉴别诊断要点

一、诊断思路

准确诊断中毒疾病至关重要，只有查明原因，才能够采取有效的治疗和预防措施，否则不能解决实际问题，诊断中毒疾病与诊断其他疾病一样，需要多方面的证据，只有多种证据一致，才可以确诊，不能够仅凭借一种证据草率地做出结论，中毒诊断要求迅速、准确，在临床实践中包括以下五个方面的证据：

（1）病史和发病现场调查 发现疫情后随即向四周养殖场跟踪复查，确切掌握病情分布和发病范围。并对病猪编号后采样备查，随即走访养殖户和当地主管人员，分析病史，追溯来源，按调查表逐项详记。

（2）临床症状 中毒病的临床症状是复杂多样的，随着农村产业结构的调整，养猪生产有了较快的发展。由于养猪业的发展，猪群的扩大，猪的疾病也逐渐增多，且复杂多样，这不仅给养猪生产带来影响，而且还直接危害了人类的健康。

（3）病理学检查 病理学检查对于中毒病的诊断具有重要价值，对于判定药物毒性的性质与强度非常重要，在安全性试验中具有重要地位。

（4）毒物分析 毒物分析在诊断中毒病方面有很重要的价值，研究毒物的来源、性质、作用和中毒的条件、症状、诊断、治疗、病理性损害以及毒物的测定等，都离不开毒物分析。

（5）动物试验 即利用可疑物资用于实验动物以证明其是否能够产

生与中毒病例相同的症状和病理变化。

二、鉴别诊断要点

中毒的诊断比较复杂，特别是慢性中毒。诊断时，必须从临床症状、剖解变化、化学检验和动物试验等方面进行全面分析，特别要仔细调查猪所吃的饲料和可能接触的毒物。

1. 调查了解

向饲养人员调查了解发病经过，特别是刚刚饲喂过的在同槽或同栏猪只的发生情况，而且平时吃食最旺盛的猪只的病情更为严重，一般体温正常并突然出现神经症状，此时就应考虑中毒的可能。同时了解饲料的种类、来源和调制方法，了解猪舍附近有无毒物贮存，猪舍杀虫消毒情况及附近有无化工厂及水源污染情况。了解附近有无疫情流行，以与急性传染病相区别（见表6-1）。

表6-1　猪中毒性疾病的快速鉴别诊断分类表

系　　统	症　　状	疾　　病
神经系统	迟钝、失神、嗜睡、昏眩或兴奋不安、惊恐、狂躁、痉挛或惊厥	霉菌毒素中毒，食盐中毒，亚硝酸盐中毒
循环系统	心跳加快，心律不齐，脉搏微弱，后期心脏衰弱，心肌麻痹，随着心脏机能的变化而发生可视黏膜充血及发绀	亚硝酸盐中毒
消化系统	食欲减退或废绝，流涎，口唇痉挛	蓖麻中毒
	磨牙	食盐中毒
	牙关紧闭	番木鳖中毒
	口腔炎	酸或碱性物质中毒
	咽喉麻痹	霉菌及颠茄中毒
	黄疸	铜中毒
呼吸系统	呼吸急促或困难，肺气肿，肺水肿	黑斑病甘薯中毒

（续）

系　统	症　状	疾　病
泌尿生殖系统	血尿	松节油中毒
	褐色或绿色尿	石炭酸中毒
	糖尿	氯仿中毒
	孕畜常有流产	麦角中毒
体温	中毒体温升高	食盐中毒
	中毒体温降低	亚硝酸盐中毒
局部刺激	皮肤黄色	硝酸刺激，铜中毒
	皮肤黑色	硫酸刺激
	皮肤灰白色	盐酸刺激
	皮肤白色	醋酸刺激
	皮肤青紫色	酒糟中毒

2. 剖检诊断

对怀疑为中毒死亡的猪，必须迅速进行尸体剖检。中毒死亡的猪一般都有病变存在。剖检时应注意呕吐物和胃肠内容物是否含有毒物的残片、茎叶和种子等。如为刺激性毒物，则消化道的黏膜多有炎症或腐蚀性变化，如充血、肿胀、出血、黏膜脱落、溃疡或穿孔等；其他如组织器官的脂肪变性、混浊肿胀、肾脏和膀胱发炎、急性脑水肿、脊髓水肿、各种脏器出血等。血液的颜色也有变化，如亚硝酸盐中毒时呈棕紫色等。但也有些毒物中毒却没有明显病变，如麻醉剂中毒。

3. 化学诊断

化学诊断对于重金属如砷、汞、铜、铅等中毒及其他无机物中毒特别重要。一般用胃肠内容物、血液、尿、肝脏、肾脏、脾脏、脑等以及可疑饲料和饮水做化验。如运往外地检查，还必须注意病料的采取、保存和运送。

由于毒物测定的难易和含量的多少差别很大，因此应尽量多取材料。胃或肠的内容物和脏器组织要分开。如怀疑为饲料中毒，应连同饲料一起送检。所采集的材料必须装在清洁的玻璃瓶内，用石蜡封口，忌用金属容器。此外，如条件许可还可做动物试验。

几种常见猪中毒病鉴别诊断要点见表6-2。

表6-2　常见猪中毒病鉴别诊断要点

中毒种类	病史和发病现场调查	临床症状	病理学检查	化学诊断
霉菌毒素中毒	有饲喂霉变饲料的病史	病猪逐渐消瘦，拱背、收腹，粪便干燥或稀薄，兴奋不安，有的病猪的眼、鼻周围皮肤发红，以后变为蓝色	急性病例在胸、腹腔内可见大量出血。前后肢、肩部等处的皮下及其他部位肌肉间出血。肠道内有血液，肝脏表面有针尖样或瘀斑样出血，心内外膜出血，脾脏有出血性梗死	生物学接种，分离培养
食盐中毒	是否因供水不足而食入过多的食盐溶液，或喂给含盐量过高的饲料	病猪极度口渴，流口水，厌食，呕吐，腹痛，下痢或便秘。多数病猪有神经症状，眼失明，盲目直冲，单向性转圈运动，头向后仰，痉挛，少数病例痉挛后体温升高到41℃以上	尸僵不全，血液凝固不良，脾脏轻度瘀血，肝脏肿大，呈紫黑色，胆囊肿大，胆汁浅黄，肾脏肿大，呈紫红色，淋巴结充血肿大，脑灰质软化	血液检查，血清中的氯化钠含量显著升高
酒糟中毒	是否饲喂异常发酵的酒糟	病猪可见体温升高，皮肤呈青紫色，出现皮疹，先便秘后拉稀，步态不稳，四肢麻痹，卧地不起，有的兴奋不安	肺脏充血或水肿，胃和十二指肠充血、出血，肾脏肿胀、质脆	对含酒糟的剩食和胃内容物进行检查有乙醇和醋酸等化学成分

（续）

中毒种类	病史和发病现场调查	临床症状	病理学检查	化学诊断
棉籽饼中毒	是否长期饲喂大量棉籽饼	拒食，低头，拱腰，喜卧，失去平衡，后肢无力，呼吸急促，有浆液性鼻涕；粪便干结或带血，口渴，尿量少，有的痉挛。在出现症状后1h或更短时间即死亡	胃肠黏膜有弥漫性水肿，小肠有出血斑点，肠系膜肿大、充血，胸、腹腔有红色渗出液，气管内有血样泡沫状液体，肾脏肿大、出血	血液检测，测定游离棉酚含量
亚硝酸盐中毒	猪食用了处理不当的青饲料	病猪突然不安，呕吐，流口水，呼吸急促，走路摇晃，全身震颤，结膜苍白，可视黏膜粉红色，黑猪的鼻盘呈乌青色，白猪的鼻盘呈灰白带青，身及四肢末端发凉。严重的倒地，痉挛后很快死亡，部分猪可拖延1~2h，猪体温大多降至常温以下	白猪皮肤苍白或呈青灰色，血液凝固不良，呈紫黑色如酱油状，病程稍长的可见胃底部、幽门处和十二指肠黏膜充血、出血	进行亚硝酸盐检验及变性血红蛋白检查
铜中毒	吃了含铜量较高的饲料、植物或添加剂	病初体温与食欲无变化，但猪只逐渐消瘦，步态僵硬，尿量少且带血。之后，排尿次数减少，便秘，体温上升，皮肤变黄，肌肉震颤，腹痛，后肢麻痹，接着虚脱而死	可见全身性黄疸	检测血清铜、肝铜，中毒后明显升高

第三节 常见疾病的鉴别诊断与防治

一、猪霉菌毒素中毒

霉菌毒素是真菌寄生于牧草、干草、青贮饲料、玉米、大麦、小麦、稻谷、棉籽及豆类制品或其他饼粕中，由于具有致病性霉菌，在含水量和温度适宜的条件下，迅速生长繁殖并产生毒素，当畜禽采食后而发生中毒，常造成大批发病和死亡。许多真菌毒素具有耐热性，但它们没有抗原性，所以不能产生免疫作用，也没有传染性。目前已证明有几十种霉菌均能产生毒素，其中最少有十余种能使畜禽中毒，如曲霉菌、镰刀菌、青霉菌、丝核菌、葡萄状穗菌以及麦角菌等。

1. 猪黄曲霉毒素中毒

【病因】 黄曲霉毒素是一类结构相似的化合物的混合物（二氢呋喃香豆素的衍生物），分别为黄曲霉毒素 B1、B2、G1 和 G2。其中最重要、毒性最大的是黄曲霉毒素 B1。黄曲霉毒素对雏鸭最敏感，中毒常见于猪和雏鸭，此外雏鸡、火鸡、牛及雪貂等动物也常受害，发病率与当年的气候有关，阴雨连绵的收获季节，常暴发本病。此病因动物的品种、年龄、营养状况、个体耐受性、机体防卫功能、接受毒物的数量以及时间的不同，其临床症状也有不同程度的差异。黄曲霉毒素是一种强烈的致癌物质，属于肝脏毒，连续饲喂霉玉米 1 年，平均每天每只鸭食入 15μg 左右，即可诱发鸭的肝癌。畜禽中毒后，均以肝脏变性为主要特征，但也可以严重破坏血管的通透性和毒害中枢神经，故中毒的畜禽常出现出血性素质、水肿和神经症状。

【临床症状】 症状表现为渐进性食欲降低，口渴、便血、异嗜癖，生长迟缓，发育停滞，皮肤充血和出血。随着病情的发展，病猪可出现间歇性抽搐，结膜、巩膜黄疸，过度兴奋、角弓反张和共济失调，后期红细胞可降低 30% ~ 45%，凝血时间延长，白细胞总数增至 3.5 万 ~ 6 万/mm³。

【剖检特征性病变】 有肝脏严重变性、坏死、肿大、色黄、质脆，肝小叶中心出血和间质明显增宽（见图6-1）。全身黏膜、皮下、肌肉可见出血点和出血斑（见图6-2、图6-3）。肾弥漫性出血（见图6-4），膀胱黏膜出血（见图6-5）。胸腹腔可见数量不等的积液。胃肠道可见游离血块，胃底黏膜充血、潮红，严重者出血（见图6-6）。肠系膜淋巴结肿胀、出血（见图6-7）。肺脏瘀血、出血（见图6-8）。有时可见脾脏被膜微血管扩张和出血性梗死（见图6-9）。

图6-1 肝脏肿大、瘀血、出血、
质脆，有的呈浅黄色

图6-2 肌肉可见明显的出血斑

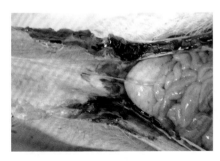

图6-3 腹部皮下及肌肉间
出现严重的出血

图6-4 肾脏皮质部土黄色，
乳头部有出血点

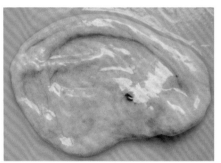

图 6-5　膀胱黏膜出血

图 6-6　胃底黏膜充血、出血

图 6-7　肠系膜淋巴结肿胀、出血

图 6-8　肺脏瘀血、出血

图 6-9　脾脏轻度肿胀，其被膜微血管扩张

2. 赤曲霉毒素中毒

【病因】　该病的病原菌是麦类赤霉菌或禾谷镰刀菌、念珠状镰刀菌等。这类霉菌能侵染小麦、大麦、青稞、燕麦、玉米以及其他禾本科植物，此类霉菌在气温 16 ~ 24℃，湿度 85% 时最适繁殖，并产生毒素，家畜采食染有此菌的茎叶或种子后，可引起中毒。目前已知赤霉菌的产毒株至少能产生赤霉菌素、赤霉病麦毒素和 T2 毒素。

1）赤霉菌素又称雌性激素因子或 F-2 毒素，这种毒素能引起家畜明显的性机能扰乱，且由于毒素从尿中排出，可刺激家畜的阴道和阴户，而引起霉菌性阴道炎或阴户阴道炎。

2）赤霉病麦毒素具有亲神经性特征，主要对中枢神经系统有兴奋作用，中毒后病畜常呈现神经系统机能紊乱和呕吐等症状。

3）T2 毒素是真菌毒素中最强烈的一种，它可使受害的动物引起皮肤、口、肠和肝脏的坏死，影响血液的凝固机制，增强小血管的渗透性，引起广泛性出血，还可引起马属动物的脑白质软化、猪的肾病、鸡的肾病和肝病等。

【临床症状】　猪急性中毒时，常于采食后约 30min 左右，频频发生呕吐为特征（见图 6-10），往往每隔 5 ~ 10min 呕吐 1 次，如此可持续 2h，并呈现不食、腹泻（见图 6-11）。病程缓慢时，可引起性机能紊乱，小母猪阴户肿胀（见图 6-12、图 6-13），乳腺增大、阴户、阴道出血、发炎，公猪可有包皮炎，阴茎肿胀，有的病猪尚表现兴奋性增高及皮肤发痒。慢性中毒时，病猪逐渐消瘦，行走摇摆（见图 6-14）。

图 6-10　病猪出现呕吐现象

图 6-11　病猪群表现消化不良、腹泻

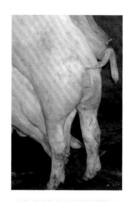

图 6-12　引起性机
能紊乱，小母猪
阴户肿胀

图 6-13　病猪群内的小母猪
均出现阴户肿胀

图 6-14　慢性中毒时，病猪逐渐
消瘦，步态不稳

【病理组织学变化】　病理组织学变化为肝脏脂肪变性、出血、坏死和空泡化，有时肝细胞原浆中出现大量嗜酸性小体，间质和实质炎性细胞浸润。慢性病例，可见胆管增殖和间质纤维组织增生；大脑实质出血、水肿，神经细胞变性，脑实质和脑膜血管明显扩张，充满红细胞，但脑实质微血管周围淋巴间隙无炎性细胞浸润，这是与猪瘟脑组织病变鉴别的主要依据；肾小管上皮变性脱落和原浆中出现玻璃样小体变性，而肾小球一般无明显病变。

【诊断】　霉菌本身的致病，从临床症状就可做出初诊；霉菌毒素中毒的，根据饲喂霉变饲料的病史、临床症状及病理组织变化，进行综合分析，可做出初诊。有条件时可做生物学接种，分离培养，以进一步鉴别。

【类症鉴别】

(1) 与疹块型猪丹毒的鉴别　疹块型猪丹毒病猪的皮肤疹块是高于皮肤表面的、呈红色且指压褪色的不规则四边形，多出现于脊背两侧，架子猪（体重在 35~75kg）多发，体温升高 40℃ 以上；而霉菌毒素中毒时多数病猪体温正常，皮肤有时出现小丘疹，可与疹块型猪丹毒相区别。

(2) 与肾病-皮炎综合征（圆环病毒感染）**的鉴别**　肾病-皮炎综合征病猪膘情较好，其皮肤上出现高于皮肤表面的黄豆粒或玉米粒大小的圆形丘疹，丘疹中间发黑，气喘，体温高；而霉菌毒素中毒的病猪膘情差，体温正常，有的出现过敏性皮炎，常有呕吐和拉稀的现象，一般无气喘变化。

【预防】　预防霉菌中毒的根本措施是严格禁止使用霉败饲料喂畜禽，防霉与去霉，应以防霉为主。

1）防霉。防止饲料霉败的关键是控制水分和温度，积极采取措施对谷物饲料尽快进行干燥处理，并置于干燥低温处贮存。

2）去霉。目前尚无满意的方法，可用碱液（1.5% 氢氧化钠或草木灰水等）处理或用清水多次浸泡，直至泡洗液清澈无色为止。但经这种方法处理后的饲料也仍限制饲喂量，此外尚有人研究用微生物解毒法，应用一种黄杆菌经过 12h 培养后即可迅速全部除去玉米、花生、谷物等黄曲霉毒素、赤霉菌毒素等。

3）若有中毒现象立即停喂霉变饲料，以青饲料为主。

4）搞好圈舍及周围环境的消毒工作，防止内源性传染病及其他传染病发生。

【临床用药指南】

1）中药治疗。清热解毒、保肝、疏肝理气、补脾益胃。

[配方]　蒲公英 300g、甘草 100g、黄芪 50g、白术 50g、大枣 20g、香附子 10g、当归 30g、柴胡 40g、白芍 40g。100kg 的猪，每次 500g。

方解：蒲公英、甘草清热解毒，为主药；香附子、柴胡、白芍疏肝理气，为辅药；黄芪、白术、当归补脾益胃益气血，为佐药；大枣调和药性，为使药。以上诸药共起解毒疏肝气、补益脾胃的功效。

用法：每次 10～30g，连用 2 周。

2）对症治疗控制继发感染。

① 肌内注射：维生素 C 10～50mL，维生素 B_1 5～10mL，复方蒲公英注射液 10～50mL。

② 口服：每 1000kg 饲料中添加脱霉剂 2kg、维生素 C 原粉 2kg、多西环素或氟苯尼考 500g、电解多维 1kg、葡萄糖 5kg。

③ 急性中毒：用 0.1% 高锰酸钾溶液和硫酸镁或 2% 碳酸氢钠溶液灌肠和洗胃，内服盐类泻剂缓泻排毒。静脉注射 5% 葡萄糖生理盐水和 40% 乌洛托品 20mL；同时皮下注射 20% 安钠咖 5～10mL。

二、猪食盐中毒

猪食盐中毒（Salt Poisoning）主要是由于采食含过量食盐的饲料，尤其是在饮水不足的情况下而发生的中毒性疾病。本病主要的临床特征是突出的神经症状和一定的消化紊乱。本病多发于散养猪，规模化猪场少发。猪食盐内服急性致死量约为每千克体重 2.2g。

【病因】 猪食盐中毒是由于采食含盐分较多的饲料或饮水，如泔水、腌菜水、饭店食堂的残羹、洗咸鱼水或酱渣等喂猪，配合饲料时误加过量的食盐或混合不均匀等造成。全价饲养，特别是日粮中钙、镁等矿物质充足时，对过量食盐的敏感性大大降低，反之则敏感性显著增高。饮水是否充足，对食盐中毒的发生更具有绝对的影响。食盐中毒的关键在于限制饮水。

【临床症状】 主要症状是流口水，口渴，肌肉颤抖，兴奋不安，运动失调或转圈等。轻中度中毒的猪，吃食减少，口渴喜饮，呕吐，口流泡沫样黏液，腹痛，拉浅褐色稀便，后肢无力，伴有颤抖，行走时后躯摇摆。重度中毒者，不吃食，极度口渴，狂饮，口流出大量泡沫，呕吐，精神极差，眼半闭，视力减退，有的角弓反张（见图 6-15），有的呈游泳状运动，严重者昏迷，最后死亡。

王春墩　摄

图 6-15　病猪呈现角弓反张，肘突处水肿，颈部皮肤出现红斑

【病理变化】　中毒死亡的猪，胃黏膜呈弥漫性出血（见图6-16）；十二指肠黏膜水肿、出血、局部脱落，有较多大小不等、形状不等的溃疡病灶；小肠黏膜弥散性出血（见图6-17）；盲肠黏膜出血（见图6-18）。喉头严重水肿，肺有出血斑（见图6-19）；肾皮质和髓质出血（见图6-20）；肝脏肿大、质脆、出血（见图6-21）。

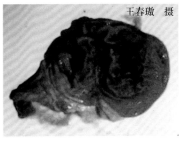

王春墩　摄

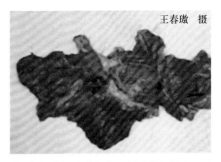

王春墩　摄

图6-16　胃黏膜呈弥漫性出血　　　图6-17　小肠黏膜弥漫性出血

王春墩　摄

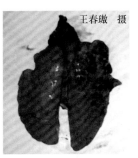

王春墩　摄

图6-18　盲肠黏膜弥漫性出血　　　图6-19　肺有出血斑

王春墩　摄

王春墩　摄

图6-20　肾皮质和髓质均出血　　　图6-21　肝脏肿大、质脆、出血

【诊断】　根据有采食过量食盐中毒的病史，无体表反应而有突出神经症状等特点，剖检时可见胃肠黏膜充血、出血，以胃底部最严重；肝脏肿大、质脆；肠系膜淋巴结充血、出血；心内膜有出血点，其脑组织中呈现嗜酸性颗粒、白细胞浸润现象等可建立诊断，并同其他疑似病相区别。

如要确诊，可采取饮水、饲料、胃肠内容物以及肝脏、脑等组织做氯化钠含量测定。肝脏和脑中的钠含量超过 1.50mg/g，或氯化钠含量超过 2.50mg/g 和 1.80mg/g，即可认为是食盐中毒。

【类证鉴别】

（1）**与猪传染性脑脊髓炎的鉴别**　猪传染性脑脊髓炎是由肠道病毒属病毒引起的一种接触性传染病，以侵害中枢神经系统引起共济失调、肌肉抽搐和肢体麻痹等一系列神经症状为主要特征。病猪首先出现体温升高，多在 40.0～41.1℃ 或更高，病猪表现为严重胃炎、厌食、倦怠、呕吐、腹泻及行动失调。1～2 天后，体温降至正常，出现中枢神经系统的症状，如寒战、感觉过敏、抽搐、共济失调、四肢僵直（特别是后肢）、角弓反张和昏迷，接着发生麻痹，病猪呈犬坐姿势或侧卧，前肢做划水样，受声响或触摸刺激时，可引起四肢不协调的运动或角弓反张，也可见面部麻痹和失音。病猪发生便秘。传染性脑脊髓炎的病程发展迅猛，出现瘫痪后的 2～3 天，就有 80%～95% 的病猪可因呼吸中枢麻痹而死亡，有些病猪死于吸入性肺炎，有些病例于急性期之后食欲有所恢复，如能精心护理常可耐过，但可见消瘦和麻痹症状。

（2）**与猪癫痫的鉴别**　猪癫痫以仔猪多发，以反应迟钝、步态跟跄、不安、鸣叫、用鼻掘地、口流泡沫、可视黏膜由白变蓝、痉挛持续 30s 至 5min 后恢复正常等为特征。

（3）**与猪乙型脑炎的鉴别**　乙型脑炎病猪发高烧、精神委顿、卧地、减食、口渴、结膜潮红、粪呈干球状、尿少色深，有的猪后肢呈轻度麻痹，步态不稳，关节肿大，跛行，部分病猪出现视力障碍，乱冲乱撞；育肥猪主要表现为持续高热。公猪发生睾丸炎，母猪感染该病后主要表现为繁殖障碍。

（4）**与脑震荡的鉴别**　脑震荡病猪倒地昏迷、口吐白沫、四肢做游泳状。因跌撞或受打击而发病，而不是因吃含盐多的食物而发病，发作结束后有一段清醒时间，不出现其他中毒症状。

【预防】   养猪的时候必须多加注意食盐喂量，不要用过咸的残羹剩饭喂猪，日粮含盐量成年猪不超过 0.5%，幼龄猪不超过 0.3%。平时应供给充足饮水，采用自动饮水器最好。

【临床用药指南】

1）停料并视具体情况大量供水或限水   发病初期应大量供水，后期有水肿时要定量供水。

2）促进氯和钠的排出   溴化钠注射液（0.1g/mL）10 ~ 20mL 或 25% 葡萄糖 100 ~ 200mL，静脉注射，也可口服溴化钾；呋塞米 3mg/kg 体重，内服，每天 2 次。

3）制止渗出，减轻颅内压   10% 葡萄糖酸钙 10 ~ 30mL，静脉注射。也可用 20% 甘露醇 100 ~ 200mL，静脉注射。

4）对症治疗   兴奋时要用氯丙嗪，1 ~ 3mg/kg 体重或 25% 硫酸镁 20 ~ 40mL，肌内注射；或用巴比妥、水合氯醛、静松灵、溴化钠等药。有胃肠炎时可肌内注射或内服抗菌药，防止继发感染；也可内服淀粉糊、蛋清等黏浆剂，保护胃肠黏膜。如排尿减少或无尿，用 10% 葡萄糖 250mL 与呋塞米 40mL 混合静脉注射，每天 2 次，连用 3 ~ 5 天，尿液排出后即停用。如病猪出现牙关紧闭不能进食，用 0.5% 的普鲁卡因 10mL 于两侧牙关、锁口穴封闭注射。

5）西医治疗：对食盐中毒的猪适当控制饮水。对中毒猪进行耳静脉注射给药，25% 葡萄糖注射液 300 ~ 500mL，葡萄糖酸钙注射液 100mL 加维生素 C 20mL，静脉注射，并肌内注射穿心莲加青霉素。

6）中医治疗：生石膏 35g、天花粉 35g、鲜芦根 45g、绿豆 50g。

用法：煎汤一次灌服。以上是体重 80kg 左右猪的用药量。

7）针灸治疗：可针耳尖、太阳穴、山根穴、百会穴，剪耳、尾放血。

三、猪酒糟中毒

酒糟中毒（Poisoning with Spent Grains）是因饲料中酒糟添加量过多或使用方法不当所致。患猪食欲减退，伴有腹痛，表现顽固性胃肠炎，严重时呼吸困难，四肢麻痹，且伴有神经症状，周身形成皮炎和疹块，排红色尿液。

【病因】　　酒糟中毒的毒物成分复杂，其原因大体可分三类：第一类是酒糟残留的酒精、酒油中毒，过量饲喂新鲜的酒糟则会引起这类中毒；第二类是猪吃了不新鲜的、发酵酸败的酒糟引起的有机酸中毒；第三类是猪吃了菌毒素、霉菌毒素中毒；农村的蒸酒房，大多数规模小，本金不足，进料少，销售快，原料一般都比较新鲜，故第三类中毒极少发生，猪酒糟中毒的原因多为第一、第二类。

【临床症状】

（1）乙醇中毒　当动物长期食用或大量食用新鲜或没有变质的酒糟引起的中毒，则为酒精和乙醇中毒。酒糟中除酒精外还含有酒油（杂醇油），由于酒油的存在使其毒性增强。病猪急性中毒时主要表现为胃肠炎，如食欲减退或废绝，剧烈腹痛，结膜潮红，先便秘后下痢，继而高度兴奋，狂躁不安，心悸亢进，呼吸困难，步态不稳，共济失调，肌肉颤动，跌倒、失神，逐渐失去知觉。之后猪四肢麻痹，卧地不起，体温下降，瞳孔放大，呼吸衰竭，大、小便失禁，最后虚脱死亡。慢性中毒时，以上的急性症状略有缓和，病猪食欲减退或停食，有时贫血、水肿、尿血等症状出现，病猪逐渐消瘦，出现初便秘后下痢，妊娠母猪流产等情况。

（2）醋酸中毒　酒糟存放时间过长，特别在高温季节，酒糟极易发生酸变或霉变，产生大量的游离醋酸，则为醋酸中毒。急性醋酸中毒时，猪食欲不振或不食，同时伴有腹痛、腹泻，脉搏微弱，呼吸急促等，严重时昏迷而死。有的重病猪皮肤发生肿胀或坏死，食欲减退，流涎、腹痛、下痢，口腔发炎，体温升高而后呼吸加剧，四肢麻痹，软弱无力，最后虚脱、死亡。慢性醋酸中毒时，病猪则会食欲减少，有时发生腹痛、下痢，背毛粗乱，消化系统紊乱，病程拖长则会逐渐消瘦，治疗不及时则会发生死亡。

【病理剖检变化】　　乙醇中毒的猪在剖检时可见猪咽喉黏膜轻度发炎。胃肠黏膜充血或出血，胃黏膜表层易剥落，幽门处有明显发炎症状，胃内容物有乙醇气味，肠系膜及皮下水肿、肺充血、水肿，肝脏、肾脏肿胀、质脆，心脏有出血斑，脑实质有出血。醋酸中毒的猪肠系膜潮红、肿胀、充血，肝脏、肾脏实质有炎症，肾脏肿胀、质脆，肺脏水肿、充血。

乙醇、醋酸中毒具有的共同特点：病死猪在剖检时可见皮肤发红、眼结膜潮红、出血，皮下组织干燥，血管扩张、充血，伴有点状出血，咽、喉黏膜潮红、肿胀。胃内充满带有酒精和醋味内容物，胃黏膜潮红、肿胀，被覆厚层黏液，黏膜密布点状、线状或斑块状出血，尤以胃底腺部和幽门部的黏膜最明显。小肠黏膜潮红、肿胀、被覆大量黏液，并呈现弥漫性点状出血或有血凝块。大肠和直肠黏膜肿胀，并散发点状出血。肝脏、肾脏瘀血、肿胀与实质变性。软脑膜和脑实质充血和轻度出血。其中胃肠黏膜充血、出血，胃内容物有酒精味和醋味，心内、外膜出血，肝脏、肾脏肿胀与变性，肺充血、水肿为本病病理诊断的重要依据。

【诊断】 经询问饲养员，病猪除喂酒糟和猪料外，有无喂其他饲料。结合临床症状、尸体剖检，诊断为酒糟中毒。

实验室检验：采集病死猪的脾脏和肝门及肠系膜淋巴结、未食完的酒糟和胃内容物送检。经切面抹片、染色、镜检和病料接种培养、镜检均未发现细菌，对未食完的酒糟和胃内容物进行检查，有乙醇和醋酸等化学成分，即可诊断。

【预防】

1）应尽量喂新鲜的酒糟，特别在夏秋炎热的季节更应注意这一点。若酒糟多而猪少，一是可将酒糟充分晒干再喂，二是可密封保存，隔绝空气，防止发酵酸败，切不可将酒糟用水浸泡，置于缸内暴晒。

2）用酒糟喂猪要严格控制喂量，一般应与其他饲料搭配，以酒糟的比例不超过日粮的1/3为宜。另一方面，酒糟最好做热处理后再喂猪。酒糟经过热处理，可除去一部分乙醇，亦可杀灭部分寄生的霉菌。

3）对轻度酸败且尚可利用的酒糟，可加入1%～2%的熟石灰或石灰水澄清液，以中和酒糟的游离酸，降低毒性。

【临床用药指南】

1）未中毒的猪。立即停喂酒糟，内服1%碳酸氢钠溶液或豆浆1500～2000mL，以中和酸性，增加体内碱贮和保护胃肠黏膜。用5%葡萄糖溶液500～1000mL、10%安钠咖5～10mL、维生素C 5～8mL，1次静脉注射；肌内注射氯丙嗪，1～2mL/kg体重。有便秘者用大黄30g、硫酸镁30～50g、甘草20g，共研末，用沸水冲泡，加入蜂蜜100g，1次给猪喂服。

2）已中毒的猪。立即停喂酒糟，并解毒。

① 降温与纠正酸中毒。中毒猪体温普遍很高，治疗时首先要投服大量的冷浓茶水，为纠正有机酸中毒，可用1%碳酸氢钠溶液1000～2000mL内服或灌肠。

② 静脉注射或腹腔注射5%葡萄糖氯化钠500mL，同时静脉注射10%氯化钙20～40mL。

③ 对出现麻痹虚脱症状的中毒猪，肌内注射20%安钠咖，小猪2～5mL，大猪8～10mL，每天1～2次。

④ 出现呼吸衰竭的病猪，肌内注射尼可刹米注射液（规格每支1.5mL，每支0.375g）以兴奋呼吸中枢。大猪每次4～5支，中小猪2～3支。

⑤ 发生皮疹的猪，用2%明矾水或1%高锰酸钾溶液冲洗皮肤。

【提示】 在对酒精中毒病猪的治疗中，忌用镇静剂和麻醉剂，也不要用解热止痛药降温，以免造成心脏虚脱而死亡。

3）处方

［方1］ 硫酸镁50～100g，大黄末20～30g。用法：加水溶解，1次灌服。

［方2］ ①25%葡萄糖注射液30～50mL、10%氯化钙注射液10～20mL、10%安钠咖注射液5～10mL。用法：1次静脉注射。②1%碳酸氢钠溶液300～500mL。用法：1次灌服。

［方3］ 葛根150g、甘草20g。用法：水煎取汁，1次灌服。

⚠ 【注意】 局部病变进行外科处理。

四、猪棉籽饼中毒

棉籽饼中对动物有毒的主要有棉酚等物质。长期大量用棉籽饼喂猪会引起猪只棉籽饼中毒（cottonseed cake poisoning）。妊娠母猪和仔猪对棉籽饼毒性物质特别敏感，给母猪喂大量未经处理的棉籽饼，不仅易引起母猪中毒，而且通过乳汁也可引起仔猪中毒。

【病因】 棉籽饼是富含蛋白质的饲料，但也含有毒物质棉酚，猪对棉酚很敏感，长期用大量棉籽饼或棉叶喂猪能引起中毒。棉酚进入消化道后，首先对胃黏膜产生刺激作用，从而发生胃肠卡他或胃肠炎。吸收后，对各器官系统均能造成中毒，各器官均发生浆液性、出血性炎症，有出血点及浸润。特别是侵害神经系统后，发生神经系统紊乱，出现兴奋或抑制等神经症状。如用作饲料并在饲喂前不进行脱毒处理或饲喂时方法或喂量不当，极易引起畜禽中毒。

【临床症状】 患猪主要表现食欲减退或废绝，粪便黑褐色，先便秘后腹泻，混有黏液或血液。皮肤颜色发绀，尤以耳尖、尾部明显。后肢软弱无力，走路摇摇晃晃、发抖。心跳、呼吸加快，鼻有分泌物流出，结膜暗红，有黏性分泌物。肾炎，尿血。血红蛋白和红细胞减少，出现维生素A缺乏症，眼炎、夜盲症和双目失明，妊娠母猪发生流产。

【病理剖检变化】 剖检尸体可见胃肠黏膜有弥漫性出血、水肿（见图6-22），小肠有出血斑点，全身淋巴结充血、肿大（见图6-23、图6-24），特别是肠系膜淋巴结严重；胸、腹腔有红色渗出液（见图6-25）；气管内有血样泡沫状液体（见图6-26），肺脏瘀血、出血（见图6-27）；肾脏肿大、出血（见图6-28）。

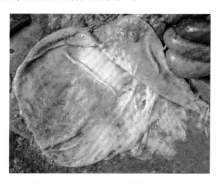

图6-22 胃肠黏膜弥漫性出血、水肿

图6-23 颌下和颈浅背侧淋巴结充血、肿大

图6-24 腹股沟浅淋巴结充血、肿大

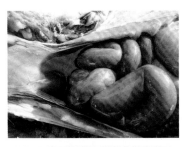

图 6-25　腹腔有红色渗出液

图 6-26　气管内有多量血样泡沫
状液体

图 6-27　肺脏瘀血、出血

图 6-28　肾脏肿大、出血

【诊断】　根据临诊症状和棉酚含量测定以及动物的敏感性，剖检病变可做出诊断。确诊需做棉籽饼及血液中游离棉酚含量测定。

【预防】　用于喂猪的棉籽饼，要选用好棉籽加工成的饼，发生霉变的棉籽饼不能用来喂猪。预防本病，要防止长期、多量、单一饲喂棉籽饼，应以混合饲料为主，加喂碳酸钠、骨粉和含维生素多的饲料，饲喂3～4周后应停喂2周。对妊娠母猪和仔猪应禁喂这种饲料。为了防止棉酚在猪体内蓄积，应对棉籽饼进行处理以减少毒力。棉籽饼的简易去毒方法主要有以下几种：

1）石灰水去毒法。用5%石灰水浸泡24h，倒去上清液，然后以清水洗后再喂。

2）水煮法。将棉籽饼粉碎后，放入锅中，加适量的水进行煮沸，煮时应时常搅动，沸腾半个小时，冷却后即可喂猪。用这种方法处理的棉籽饼粕，在饲料中的比例应为 30%。

3）硫酸亚铁去毒。硫酸亚铁俗名毒矾、绿矾，用量一般占棉籽饼的 1%～2%。饲用时可将硫酸亚铁干粉拌入棉籽饼中，也可配成硫酸亚铁水溶液将棉籽饼浸泡后，连同浸泡液一起饲喂，这样既可以去毒，又可以增加饲料中的铁素。用来处理棉籽饼的硫酸亚铁，要干燥密闭保存，防止氧化变红。硫酸亚铁水溶液要用冷水配制，现配现用。

4）尿素去毒。在 1 个大瓷缸中，倒入 400kg 水和 4kg 农用尿素，配成 1% 的尿素溶液，再往 1 个瓷缸中倒入 100kg 棉籽饼粕和 200kg 尿素溶液，搅拌均匀后，用木锨平摊在沥青地上，用塑料布严密覆盖，在常温下放置 24h 后，去掉塑料布，摊晒，要不断翻倒，直至晒干。

5）棉籽饼间隔饲喂。由于游离棉酚在猪体内只有积累到一定程度时，才会发生中毒，而且猪体可不断地将这些游离棉酚排出体外，所以若一时买不到硫酸亚铁或燃料缺乏，可采取间隔喂猪法。由于榨油工艺不同，棉籽饼中含毒量也不同，一般以现代机器榨油，棉籽饼中的含毒量低。用间隔法喂猪时棉籽饼在饲料中的比例不能超过 20%，以土榨棉籽饼饲喂，应喂 1 天停 1 天，持续 3～4 个月，然后停 1 个月左右再喂。

【临床用药指南】

1）给猪每天饲喂不得超过 0.5kg 棉籽饼，同时棉籽饼要经过加热脱毒处理，并增加日粮中蛋白质、维生素、矿物质和青绿饲料的喂量。一旦中毒，可用 1:3000～1:4000 的高锰酸钾溶液或 5% 碳酸氢钠溶液洗胃，磺胺咪 5～10g、鞣酸蛋白 2～5g 内服，25% 的葡萄糖溶液 500～1000mL、10% 安钠咖 5mL、10% 氯化钙溶液 20mL、维生素 C 10mL，1 次静脉注射。

2）治疗用 0.1% 高锰酸钾溶液，或 5% 碳酸氢钠溶液洗胃。洗胃后，灌服硫酸钠（镁）30～100g，使其腹泻。再根据猪体大小放血 200～300mL，然后将 25% 葡萄糖溶液 100mL、生理盐水 500mL、10% 安钠咖 5mL 混合，静脉注射。

3）也可 1 次静脉注射 50% 硫代硫酸钠溶液 10～20mL，每天 2～3 次；或 1 次静脉注射 5% 氯化钙注射液 20mL，40% 乌洛托品注射液 10mL。

4）病情较轻的猪群，可把绿豆粉（200～500g/头）和苏打粉（20～45g/头）混于饲料中喂服。

📢 【提示】 棉籽饼采用100℃煮沸1h或70℃煮沸2h，即可去毒。棉叶用清水洗净，喂前10h泡在5%石灰水中去毒。每天喂棉籽饼不得超过0.5kg，棉叶与棉籽饼连喂20～30天后，应停喂10～15天。

五、猪亚硝酸盐中毒

猪亚硝酸盐中毒病（nitrite poisoning），又称饱潲病，是农村生猪饲养过程中常见的中毒病。该病是由于一些含有硝酸盐的青绿饲料贮存和调制方法不当，导致其中的硝酸盐转变成亚硝酸盐毒物，当饲喂给猪后亚硝酸盐进入血液与血红蛋白相互作用，形成高铁血红蛋白，使猪发生呼吸困难，严重者窒息死亡。

【病因】 青绿饲料中都含有一定量的硝酸盐，可在自然界中的硝化细菌作用下转化为亚硝酸盐而产生毒性作用。硝化细菌在自然界中分布非常广泛，随时都能将青菜、白菜、卷心菜、苋菜、萝卜叶、南瓜藤等各种青绿饲料中的硝酸盐，在适宜的温度、湿度等自然条件下转化为有毒性的亚硝酸盐。亚硝酸盐对猪的毒性作用主要有两点：一是使猪血液中正常的氧合血红蛋白（二价铁血红蛋白）迅速氧化成高铁血红蛋白（变性血红蛋白），从而使氧合血红蛋白丧失正常的携氧功能；二是使猪机体末梢血管迅速扩张，从而使外周循环系统衰竭。当青绿饲料在经过雨水淋湿或烈日暴晒后，堆置过久产生发热与腐烂变质，或切碎的青绿饲料在水中浸泡时间太长，或将煮熟的青绿饲料焖置在锅中保温时间太长等原因，都会在硝化细菌作用下随时产生较高浓度的亚硝酸盐，猪若采食了这些含有较高浓度亚硝酸盐的青绿饲料，就会引起亚硝酸盐中毒病。本病通常是按猪采食的先后与采食量的多少依次发病，即先采食与采食量多的猪通常先表现发病。

【临床症状】 中毒猪通常在饲喂含有亚硝酸盐的青绿饲料后，大约0.5h左右开始发病。患病猪首先表现为精神突然不安，有腹痛、流涎、呕吐或口吐白沫的症状，可视黏膜发绀；接着表现为呼吸困难，口唇皮肤初呈灰白色，后变成乌紫色（见图 6-29、图 6-30），体温正常或偏低，耳和四肢末梢发凉，刺破耳尖、尾尖等，流出少量酱油色血液（见图 6-31）；因刺激胃肠道而出现胃肠炎症状，如流涎、呕吐、腹泻等。共济失调，痉挛，挣扎鸣叫，或盲目运动，心跳微弱。临死前角弓反张，抽搐，倒地而死。严重病例患猪在发病后很快就会发生倒地痉挛，立即死亡；但也有较轻病例患猪，可拖延到 1~2h 才会死亡。

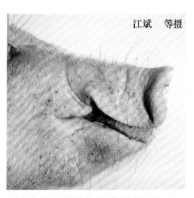

图 6-29 亚硝酸盐中毒猪鼻端和嘴巴皮肤为乌紫色

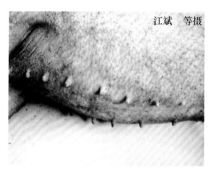

图 6-30 亚硝酸盐中毒猪腹下皮肤为乌紫色

图 6-31 亚硝酸盐中毒猪流出的血液呈黑褐色或酱油色

【病理剖检变化】 亚硝酸盐中毒猪由于病程短、死亡快，因此尸体外表与内脏多无显著的病理变化。在病程稍长的病例中，可见胃黏膜与十二指肠呈现弥漫性充血与出血，左右肺叶有大小不一的出血斑或气肿，肝脏肿胀，呈蓝紫色等病理变化。中毒猪的尸体多表现为腹部鼓满，口鼻乌紫色，血液紫黑色似酱油样，血液通常凝固不良。

【诊断】 依据发病急、群体性发病的病史、饲料储存的状况、临诊见黏膜发绀及呼吸困难、剖检时血液呈酱油色等特征，可以做出诊断。可使用特效解毒药美蓝进行治疗性诊断，也可进行亚硝酸盐检验、变性血红蛋白检查。

（1）亚硝酸盐检验 取胃肠内容物或残余饲料的液汁1滴，滴在滤纸上，加10%联苯胺液1~2滴，再加10%的醋酸1~2滴，滤纸变为棕色，则为亚硝酸盐阳性反应。也可将胃肠内容物或残余饲料的液汁1滴，加10%高锰酸钾溶液1~2滴，充分摇动，如有亚硝酸盐，则高锰酸钾溶液变为无色，否则不褪色。

（2）变性血红蛋白检验 取血液少许于试管内振荡，振荡后血液不变色，即为变性血红蛋白。为进一步验证，可滴入1%氰化钾1~3滴后，血色即转为鲜红。

【类证鉴别】

与有机氟化物中毒的鉴别 猪发生有机氟化物中毒时，临床主要表现阵发性神经症状，如惊恐、尖叫、向前直冲、不避障碍、全身颤抖、突然跌倒、四肢抽搐、角弓反张。其主要病理变化有血液凝固不良、心肌变性且心内外膜有出血斑点，软脑膜充血、出血。而亚硝酸盐中毒主要表现精神不安，出现明显的胃肠炎症状，有腹痛、流涎、呕吐或口吐白沫的症状；可视黏膜发绀，呼吸困难；临死前倒地抽搐、角弓反张。剖检可见流出黑褐色或酱油色且凝固不良的血液，全身皮肤青紫色。

【预防】

1）科学改善对青绿饲料堆放、浸泡与烧煮焖置的过程。无论是生的青绿饲料还是煮熟的青绿饲料，都要采用摊开敞放的方法，以免青绿饲料中的硝酸盐在硝化细菌的作用下转化为有毒的亚硝酸盐。

2）给猪饲喂青绿饲料时，需要注意检查所饲喂青绿饲料的质量安全性，严禁给猪饲喂已堆置或焖置过久的发热、腐烂、变质的青绿饲料，这样就能有效地预防本病。

【临床用药指南】

1）排除毒物

①洗胃：0.1%高锰酸钾1000~2000mL，反复洗胃。

②催吐：阿扑吗啡0.01~0.02mL，皮下注射。或用吐根酊1~3mL加水内服。也可用0.5%硫酸铜80~200mL内服。

③缓泻：硫酸钠（镁）20~30g加水1000g内服。尾尖或耳尖放血。

2）解毒。1%美蓝0.1~0.2mL/kg肌内注射或加5%葡萄糖静脉注

射，亦可用甲苯胺蓝 0.1mL/kg 肌内或静脉注射，还可用 5% 葡萄糖液
100 ~ 200mL 加 5% 维生素 C 10 ~ 20mL，静脉注射。缺氧时用 3% 过氧化氢
10 ~ 30mL 加生理盐水 30 ~ 100mL，皮下注射。

3）对症疗法。如患病猪的心脏机能不好，可用 10% 安钠咖 4 ~ 6mL，
1 次皮下或肌内注射；患病猪有呼吸困难症状时，可用 25% 尼可刹米 2 ~
4mL，1 次皮下或肌内注射，或静脉注射 20% 的硫代硫酸钠溶液 30mL，或
肌内注射 0.1% 的盐酸肾上腺素 2 ~ 5mL，以缓解呼吸困难；腹泻严重时，
阿托品按每千克体重 0.14 ~ 0.16mg，美蓝按每千克体重 1mg，肌内注射，
维生素 C 200 ~ 250mg，皮下注射；体弱的猪可肌内注射安钠咖 5 ~ 10mL
和静脉注射 5% 葡萄糖生理盐水 500 ~ 1000mL。

4）土法解毒

① 取鲜石灰上清液 20mL、大蒜 2 个、雄黄 30g、鸡蛋 3 个、碳酸氢
钠 45g。将大蒜捣碎加入雄黄和碳酸氢钠，再加入鸡蛋清、石灰水，分 2
次灌服。

② 绿豆 500g，加水适量，捣成糊状，加菜籽油 120mL，1 次灌服。

③ 用稻草灰 500g，开水浸泡、滤汁，1 次口服。

运用上述方法治疗的同时，及时剪耳尖、尾尖放血泻毒。

六、猪铜中毒

由于硫酸铜能促进蛋氨酸吸收，对仔猪有促生长作用，故仔猪饲料大
多是高铜饲料，市场上猪饲料添加剂大多数也是高铜添加剂，如果使用不
当，就会出现铜中毒。其临床表现复杂而多样，应引起广大养猪户的高度
重视。

【病因】 铜是机体必需的微量元素之一，在动物机体中参与多种代
谢，适量的铜可促进猪的生长，过量则会产生毒害作用，甚至发生中毒现
象。大致有如下几种常见原因：

1）缺乏科学的饲养管理技术，盲目追求长势。有的高铜饲料添加比
例高达 25% 以上，加之不分阶段育肥，全程饲喂高铜饲料而引起铜中毒。

2）配料时混合不匀，部分饲料含铜过高可导致急性铜中毒。

3）铜的颉颃元素钼含量偏低，而使铜、钼比例失调〔铜、钼比例正
常应在（3.5 ~ 4.5）∶1〕，使日粮中铜比例过高而引起铜中毒。

【临床症状】 急性中毒主症为重剧胃肠炎。拒食，流涎，呕吐，猪只表现渴感；腹痛、腹泻，粪便呈青绿色或蓝色，恶臭，混有黏液；肌肉松弛，四肢无力，步态不稳；心率加快，甚至丧失知觉，痉挛。有的很快出现休克症状，多于 24～48h 内死亡。

慢性中毒者表现精神沉郁，食量减少或拒食，体重减轻，腹泻，呼吸困难，肌肉震颤，眼睑浮肿，甚至无法睁开眼，可视黏膜苍白黄染，贪饮，多有黄疸，皮肤瘙痒且皮肤角化不全，无溶血现象。

【病理剖检变化】 剖检多数表现为胃肠炎变化。胃底黏膜严重出血、溃疡、糜烂，甚至坏死；十二指肠、空肠、回肠、结肠黏膜脱落坏死，十二指肠前段多覆盖一层黑绿色薄膜，大肠充满栗状粪便，回肠、盲肠基部有蜂窝状溃疡。

慢性中毒者，肝脏肿胀、出血、脂肪变性；肾脏肿大、充血、皮质有斑点；心肌呈纤维性病变；脾脏肿大，肺部水肿；血液稀薄，肌肉颜色变浅。

【诊断】 根据病史、临床主要症状如贫血、毛松乱、腹泻、免疫力降低、运动障碍、骨骼异常、关节变形、骨质脆弱，根据猪四肢发育不良，关节不易固定，呈犬坐姿势以及土壤、饲料、添加剂的铜及铜的颉颃剂的测定可诊断。另外，发生铜中毒的病猪血清铜、肝铜可明显升高，可作为化验诊断的依据。

【类症鉴别】

(1) 与猪钩端螺旋体病的鉴别 猪钩端螺旋体病患猪体温升高至 40℃、厌食、黄疸、红尿或浓茶色、皮肤发痒等。猪钩端螺旋体病有传染性，急性多发于大猪，亚急性和慢性多发于断奶前后的仔猪。急性皮肤干燥，亚急性和慢性眼结膜潮红、浮肿，流浆液性鼻涕，皮肤发红瘙痒，有的下颌、颈部甚至全身水肿，指压凹陷，猪栏有腥臭味，粪时干时稀，呈绿色或蓝色。本病发生后一段时间猪场可见到急性黄疸、亚急性和慢性症状，妊娠母猪流产，几种病例同时出现。成年猪肾脏有 1～3mm 的灰白色病灶，周围有红晕，表面凹凸不平（不呈暗棕色，有出血点）。用脏器制成悬液镜检，可见菌体因旋转常呈 "8" "J" "Q" "S" "C" "O" 等形状，并在运动中消失。此型以败血症、全身性黄疸和各器官、组织广泛性出血以及坏死为主要特征。皮肤、皮下组织、浆膜和可视黏膜、肝脏、肾脏以及膀胱等组织黄染和不同程度的出血。皮肤干燥和坏死。胸腔及心包内有浑浊的黄色积液。脾脏肿大、瘀血，有时可见出血性梗死。肝脏肿大，呈土黄色或棕色，质脆，胆囊充盈、瘀血，被膜下可见出血灶。肾脏肿大、瘀血、出血。肺瘀血、水肿，表面有出血点。膀胱积有红色或深黄色尿液。肠及肠系膜充血，肠系膜淋巴结、腹股沟淋巴结、下颌淋巴结肿大，呈灰白色。

（2）与猪丙硫苯咪唑中毒病的鉴别　该病中毒猪厌食，呕吐和腹泻，腹泻物呈绿色，眼结膜苍白，呼吸促迫等。剖检变化是肺大叶轻度气肿，淋巴结轻度水肿，血液稀薄，胃贲门部充血，胃底部黏膜脱落、充血，整个肠道充血、出血，肠壁菲薄，肠系膜上有呈绿豆到黄豆大小不等的瘀血，胆囊和膀胱空虚，胃内充满 5 天前饲喂的未经消化的且有酸败味的饲料。

【预防】

1）科学地饲养管理，不盲目追求长势，严格控制饲料中铜的含量，1kg 饲料中以 250～500mg 为宜，不同生长阶段要用不同时期的饲料，控制高铜添加剂的使用量。一般仔猪饲料（生长猪饲料）中应保持含铜浓度 125～200mg/kg；如果饲料中含铜浓度大于 250mg/kg，仔猪即会中毒。

2）为了预防猪铜中毒，在饲料中可适当添加铁和锌元素，使猪体内的铜、铁、锌 3 种元素保持相对平衡，可预防猪铜中毒。可于生长猪饲料中添加锌 130mg/kg、铁 150mg/kg，也可添加适量硒（硒和铜、砷、镉、汞等重金属颉颃，保护组织不受金属有毒物质的损害）。在含铜饲料中同时添加腐植酸、茶多酚等功能性饲料添加剂，既可防止猪铜中毒，又能促进猪生长，增加免疫力，提高抗病力。

3）一旦发生慢性铜过多症，即应在饲料中添加少量钼盐。在猪饲料中添加硫酸亚铁和硫酸锌各 0.1g/kg，并选用豆饼而不用脱脂乳作为蛋白质饲料，可预防本病的发生。

【临床用药指南】

1）立即停喂含铜饲料，改喂自配混合饲料，并加喂新鲜白菜叶等青绿饲料，给予含有 0.1% 维生素 C 的 10% 葡萄糖溶液，让猪自由饮用。对中毒较重的病猪隔离对症治疗。采取上述措施 3 天后，精神好转，食欲逐渐得以恢复。

2）诊断为铜中毒时，应立即更换饲料，并在饲料中补充亚硒酸钠维生素 E 粉、维生素 K、复合维生素 B、铁剂，给予含有 0.1% 维生素 C 的 10% 葡萄糖溶液，让猪自由饮用。

3）对中毒较重的病猪用 0.2% ~ 0.3% 亚铁氰化钾（黄血盐）溶液洗胃或内服，亦可用氧化镁内服，每次 10 ~ 20g；然后灌服 5 ~ 8 个鸡蛋清，连用 2 ~ 3 天，疗效理想。在治疗过程中如病猪出现溶血症状，则预后不良。

4）病猪每天喂服盖胃平 50 片或雷尼替丁 20 片，连服 5 ~ 7 天，同时在饲料中加入 0.1% ~ 0.2% 的苏打粉，以缓解和治疗胃肠溃疡。

5）正确使用铜制剂，饲料添加剂中铜的加入量应因地制宜，绝对不能盲目大量添加。此外，在饲料中适量添加铁和锌元素，使猪体内的铜、铁、锌 3 种元素保持相对平衡，可预防铜中毒。如在生长猪饲粮中，每千克饲料锌为 130mg、铁为 150mg 时，可防止高铜（250mg/kg）饲料中铜的毒性作用，并能显著促进仔猪生长及降低饲料消耗。

附录　常见计量单位名称与符号对照表

量 的 名 称	单 位 名 称	单 位 符 号
长度	千米	km
	米	m
	厘米	cm
	毫米	mm
面积	平方千米（平方公里）	km^2
	平方米	m^2
体积	立方米	m^3
	升	L
	毫升	mL
质量	吨	t
	千克（公斤）	kg
	克	g
	毫克	mg
物质的量	摩尔	mol
时间	小时	h
	分	min
	秒	s
温度	摄氏度	℃
平面角	度	(°)
能量，热量	兆焦	MJ
	千焦	kJ
	焦［耳］	J
功率	瓦［特］	W
	千瓦［特］	kW
电压	伏［特］	V
压力，压强	帕［斯卡］	Pa
电流	安［培］	A

参 考 文 献

[1] 郑明球，蔡宝祥. 动物传染病诊治彩色图谱［M］. 北京：中国农业出版社，2002.

[2] 甘孟侯，杨汉春. 中国猪病学［M］. 北京：中国农业出版社，2005.

[3] 王春璈. 猪病诊断与防治原色图谱［M］. 北京：金盾出版社，2005.

[4] 刘建柱，牛绪东. 常见猪病诊治图谱及安全用药［M］. 北京：中国农业出版社，2011

[5] 宣长和，等. 猪病混合感染鉴别诊断与防治彩色图谱［M］. 北京：中国农业出版社，2009.

[6] 徐有生. 科学养猪与猪病防治原色图谱［M］. 北京：中国农业出版社，2009.

[7] 陈怀涛. 动物疾病诊断病理学［M］. 2 版. 北京：中国农业出版社，2012.

[8] 江斌，等. 新编猪病速诊快治［M］. 福州：福建科学技术出版社，2013.

[9] 张米申，等. 生猪常见病防治技术图册［M］. 北京：中国农业科学技术出版社，2016.

书　目

书　名	定价	书　名	定价
高效养土鸡	29.80	高效养肉牛	29.80
高效养土鸡你问我答	29.80	高效养奶牛	22.80
果园林地生态养鸡	26.80	种草养牛	29.80
高效养蛋鸡	19.90	高效养淡水鱼	29.80
高效养优质肉鸡	19.90	高效池塘养鱼	29.80
果园林地生态养鸡与鸡病防治	20.00	鱼病快速诊断与防治技术	19.80
家庭科学养鸡与鸡病防治	35.00	鱼、泥鳅、蟹、蛙稻田综合种养一本通	29.80
优质鸡健康养殖技术	29.80	高效稻田养小龙虾	29.80
果园林地散养土鸡你问我答	19.80	高效养小龙虾	25.00
鸡病诊治你问我答	22.80	高效养小龙虾你问我答	20.00
鸡病快速诊断与防治技术	29.80	图说稻田养小龙虾关键技术	35.00
鸡病鉴别诊断图谱与安全用药	39.80	高效养泥鳅	16.80
鸡病临床诊断指南	39.80	高效养黄鳝	22.80
肉鸡疾病诊治彩色图谱	49.80	黄鳝高效养殖技术精解与实例	25.00
图说鸡病诊治	35.00	泥鳅高效养殖技术精解与实例	22.80
高效养鹅	29.80	高效养蟹	25.00
鸭鹅病快速诊断与防治技术	25.00	高效养水蛭	29.80
畜禽养殖污染防治新技术	25.00	高效养肉狗	35.00
图说高效养猪	39.80	高效养黄粉虫	29.80
高效养高产母猪	35.00	高效养蛇	29.80
高效养猪与猪病防治	29.80	高效养蜈蚣	16.80
快速养猪	35.00	高效养龟鳖	19.80
猪病快速诊断与防治技术	29.80	蝇蛆高效养殖技术精解与实例	15.00
猪病临床诊治彩色图谱	59.80	高效养蝇蛆你问我答	12.80
猪病诊治160问	25.00	高效养獭兔	25.00
猪病诊治一本通	25.00	高效养兔	29.80
猪场消毒防疫实用技术	25.00	兔病诊治原色图谱	39.80
生物发酵床养猪你问我答	25.00	高效养肉鸽	29.80
高效养猪你问我答	19.90	高效养蝎子	25.00
猪病鉴别诊断图谱与安全用药	39.80	高效养貂	26.80
猪病诊治你问我答	25.00	高效养貉	29.80
图解猪病鉴别诊断与防治	55.00	高效养豪猪	25.00
高效养羊	29.80	图说毛皮动物疾病诊治	29.80
高效养肉羊	35.00	高效养蜂	25.00
肉羊快速育肥与疾病防治	25.00	高效养中蜂	25.00
高效养肉用山羊	25.00	养蜂技术全图解	59.80
种草养羊	29.80	高效养蜂你问我答	19.90
山羊高效养殖与疾病防治	35.00	高效养山鸡	26.80
绒山羊高效养殖与疾病防治	25.00	高效养驴	29.80
羊病综合防治大全	35.00	高效养孔雀	29.80
羊病诊治你问我答	19.80	高效养鹿	35.00
羊病诊治原色图谱	35.00	高效养竹鼠	25.00
羊病临床诊治彩色图谱	59.80	青蛙养殖一本通	25.00
牛羊常见病诊治实用技术	29.80	宠物疾病鉴别诊断	49.80

全彩精装

书号：978-7-111-49261-0
定价：59.80 元

书号：978-7-111-52000-9
定价：25.00 元

书号：978-7-111-50355-2
定价：35.00 元

书号：978-7-111-45463-2
定价：35.00 元

书号：978-7-111-55951-1
定价：25.00 元

养猪一本通

书号：978-7-111-44264-6
定价：29.80 元

书号：978-7-111-54600-9
定价：39.80 元

书号：978-7-111-55462-2
定价：25.00 元